工程施工 书

楼宇智能

郑林祥 ◎ 主编

中国建材工业出版社

图书在版编目（CIP）数据

楼宇智能/郑林祥主编. —北京：中国建材工业
出版社，2017.9
（工程施工与质量简明手册丛书/王云江主编）
ISBN 978-7-5160-1973-3

Ⅰ.①楼… Ⅱ.①郑… Ⅲ.①智能化建筑-楼宇自动
化-技术手册 Ⅳ.①TU855-62

中国版本图书馆 CIP 数据核字（2017）第 183580 号

楼宇智能

郑林祥　主编

出版发行：中国建材工业出版社
地　　址：北京市海淀区三里河路 1 号
邮　　编：100044
经　　销：全国各地新华书店
印　　刷：北京雁林吉兆印刷有限公司
开　　本：787mm×1092mm　1/32
印　　张：3.25
字　　数：60 千字
版　　次：2017 年 9 月第 1 版
印　　次：2017 年 9 月第 1 次
定　　价：32.80 元

本社网址：www.jccbs.com　　微信公众号：zgjcgycbs
本书如出现印装质量问题，由我社市场营销部负责调换。

联系电话：(010) 88386906

内 容 简 介

本书是依据现行国家和行业的施工与质量验收标准、规范，并结合楼宇智能施工与质量实践编写而成的，基本覆盖了楼宇智能施工的主要领域。本书旨在为楼宇智能的设计和施工人员提供一本简明实用、方便携带的小型工具书，便于他们在施工现场随时参考，快速解决实际问题，保证工程质量。

本书内容包括综合布线系统、计算机网络系统、公共广播系统、闭路监控系统、防盗报警系统、离线巡更系统、门禁控制系统、停车管理系统、建筑设备管理系统、数字会议系统、信息发布系统、机房工程、UPS 电源系统、防雷与接地系统和综合管线系统。

本书可供楼宇智能专业技术管理人员、专业工程技术人员和施工人员使用，也可供各类院校相关专业师生学习参考。

《工程施工与质量简明手册丛书》
编写委员会

前　　言

为及时有效地解决建筑施工现场的实际技术问题，我社策划出版"工程施工与质量简明手册丛书"。本丛书为系列口袋书，内容简明、实用，"身形"小巧，便于携带，随时查阅，使用方便。

本系列丛书各分册分别为《建筑工程》《安装工程》《装饰工程》《市政工程》《园林工程》《公路工程》《基坑工程》《楼宇智能》《城市轨道交通（地铁）》《建筑加固》《绿色建筑》《给水工程》《城市管廊》《海绵城市》。

本丛书中的《楼宇智能》是依据现行国家和行业的施工与质量验收标准、规范，并结合楼宇智能施工与质量实践编写而成的，基本覆盖了楼宇智能施工的主要领域。本书旨在为楼宇智能的设计和施工人员提供一本简明实用、方便携带的小型工具书，便于他们在施工现场随时参考，快速解决实际问题，保证工程质量。本书内容包括综合布线系统、计算机网络系统、公共广播系统、闭路监控系统、防盗报警系统、离线巡更系统、门禁控制系统、停车管理系统、建筑设备管理系统、数字会议系统、信息发布系统、机房工程、UPS电源系统、防雷与接地系统和综合管线系统。

对于本书中的疏漏和不当之处，敬请广大读者不吝指正。

本书由郑林祥任主编。

本书在编写过程中得到了浙江湖州市建工集团有限公司、中天建设集团浙江安装工程有限公司、浙江天辰建筑设计有限公司、湖州市中立建设工程监理有限公司的大力支持，在此表示衷心感谢！

编　者

2017.07.01

目　　录

第1章 综合布线系统

1.1 施工要点

1.1.1 线缆

1. 线缆的型式、规格应与设计规定相符。线缆的布放应自然平直，不得产生扭绞、打圈接头等现象，不应受到外力的挤压和损伤。

2. 线缆两端应贴有标签，标明编号，标签书写应清晰、端正和正确。标签应选用不易损坏的材料。

3. 线缆终接后，应有余量。交接间、设备间对绞电缆预留长度宜为 0.5～1.0m，工作区为 10～30mm；光缆布放宜盘留，预留长度宜为 3～5m，有特殊要求的应按设计要求预留长度。

4. 距信息点最近的一个过线盒穿线时应留有不小于 15mm 的余量。从配线架引向工作区各信息端口 4 对对绞电缆的长度不应大于 90m。

5. 线缆敷设拉力及其他保护措施应符合产品厂家的施工要求。线缆的弯曲半径应符合下列规定：

1) 非屏蔽 4 对对绞电缆的弯曲半径应至少为电缆外径的 4 倍；

2) 屏蔽 4 对对绞电缆的弯曲半径应为电缆外径的 6～10 倍；

3）主干对绞电缆的弯曲半径应至少为电缆外径的10倍；

4）光缆的弯曲半径应至少为光缆外径的15倍。

6. 电源线、综合布线系统线缆应分隔布放。线缆间的最小净距应符合设计要求，并应符合表1-1的规定；建筑物内电、光缆暗管敷设与其他管线最小净距符合表1-2的规定。

表1-1 对绞电缆与电力线最小净距

范围 条件	最小净距（mm）		
	380V <2kVA	380V 2.5～5kVA	380V >5kVA
对绞电缆与电力电缆平行敷设	130	300	600
有一方在接地的金属槽道或钢管中	70	150	300
双方均在接地的金属槽道或钢管中	见注	80	150

注：双方均在接地的金属槽道或钢管中，且平行长度小于10m时，最小间距可为10mm。表中对绞电缆如采用屏蔽电缆时，最小净距可适当减小，并符合设计要求。

表1-2 电、光缆暗管敷设与其他管线最小净距

管线种类	平行净距（mm）	垂直交叉净距（mm）
避雷引下线	1000	300
保护地线	50	20
热力管（不包封）	500	500
热力管（包封）	300	300
给水管	150	20
煤气管	300	20
压缩空气管	150	20

7. 暗管或线槽中线缆敷设完毕后，宜在通道两端出口处用填充材料进行封堵。室内光缆桥架内敷设时宜在绑扎固定处加装垫套。

8. 线缆敷设施工时，现场应安装稳固的临时线号标签，线缆上配线架、打模块前应安装永久线号标签。

9. 线缆经过桥架、管线拐弯处，应保证线缆紧贴底部，且不应悬空、不受牵引力，在桥架的拐弯处应采取绑扎或其他形式固定。

1.1.2 面板模块

1. 安装在活动地板或地面上，应固定在接线盒内，插座面板采用直立和水平等形式；接线盒盖可开启，并应具有防水、防尘、抗压功能。接线盒盖面应与地面齐平。

2. 8位模块式通用插座、多用户信息插座或集合点配线模块，安装位置应符合设计要求。

3. 8位模块式通用插座底座盒的固定方法按施工现场条件而定，宜采用预置扩张螺钉等固定方式。

4. 固定螺丝需拧紧，不应产生松动现象。

5. 各种插座面板应有标识，以颜色、图形、文字表示所接终端设备类型。

6. 信息插座安装标高应符合设计要求，其插座与电源插座安装的水平距离应符合国家标准 GB 50312—2016《综合布线系统工程验收规范》的规定。当设计无标高要求时，其插座宜与电源插座安装标高相同。

1.1.3 机柜机架

1. 机柜内线缆应分别绑扎在机柜两侧理线架上，应排列整齐、美观，配线架应安装牢固，信息点标识应准确。

2. 光纤配线架（盘）宜安装在机柜顶部，交换机宜安装在铜缆配线架和光纤配线架（盘）之间。

3. 配线间内应设置局部等电位端子板，机柜应可靠接地。

4. 跳线应通过理线架与相关设备相连接，理线架内、外线缆宜整理整齐。

5. 机柜、机架安装完毕后，垂直偏差度应不大于3mm。机柜、机架安装位置应符合设计要求。

6. 机柜、机架上的各种零件不得脱落或碰坏，漆面如有脱落应予以补漆，各种标识应完整、清晰。

7. 机柜、机架的安装应牢固，如有抗震要求时，应按施工图的抗震设计进行加固。

8. 各部件应完整，安装就位，标识齐全。

9. 安装螺丝必须拧紧，面板应保持在一个平面上。

1.2 质量要点

1. 主控项目应符合下列规定：

1）线缆、配线设备等产品有合格证和质量检验报告，且符合设计要求；

2）对绞电缆中间不得有接头，不得拧绞、打结；

3）线缆两端应有永久性标签，标签书写应清晰、准确。

2. 一般项目应符合下列规定：

1）线缆标识具有一致性，其终接处应牢固且接触良好；

2）线管和桥架中线缆的占空比不宜大于50%；

3）壁挂式配线箱的安装标高不应小于1.2m；

4）从配线架引向工作区各信息端口对绞电缆的长度不应大于90m。

1.3 质量验收

1. 综合布线系统检测应包括电缆系统和光缆系统的性能测试，且电缆系统测试项目应根据布线信道或链路的设计等级和布线系统的类别要求确定。

2. 综合布线系统测试方法应按现行国家标准 GB 50312—2016《综合布线系统工程验收规范》的规定执行。

3. 综合布线系统检测单项合格判定应符合下列规定：

1）一个及以上被测项目的技术参数测试结果不合格的，该项目应判为不合格；某一被测项目的检测结果与相应规定的差值在仪表准确度范围内的，该被测项目应判为合格；

2）采用 4 对对绞电缆作为水平电缆或主干电缆，所组成的链路或信道有一项及以上指标测试结果不合格的，该链路或信道应判为不合格；

3）主干布线大对数电缆中按 4 对对绞电缆线对组成的链路有一项及以上测试指标不合格的，该线对应判为不合格；

4）光纤链路或信道测试结果不满足设计要求的，该光纤链路或信道应判为不合格；

5）未通过检测的链路或信道应在修复后复检。

4. 综合布线系统检测的综合合格判定应符合下列规定：

1）对绞电缆布线全部检测时，无法修复的链路、信道或不合格线对数量有一项及以上超过被测总数的 1%，结论应判为不合格；光缆布线检测时，有一条及以上光纤链路或信道无法修复的，应判为不合格；

2) 对于抽样检测，被抽样检测点（线对）不合格比例不大于被测总数 1% 的，抽样检测应判为合格，且不合格点（线对）应予以修复并复检；被抽样检测点（线对）不合格比例大于 1% 的，应判为一次抽样检测不合格，并应进行加倍抽样，加倍抽样不合格比例不大于 1% 的，抽样检测应判为合格，不合格比例仍大于 1% 的，抽样检测应判为不合格，且应进行全部检测，并按全部检测要求进行判定；

3) 全部检测或抽样检测结论为合格的，系统检测的结论应为合格；全部检测结论为不合格的，系统检测的结论应为不合格。

5. 对绞电缆链路或信道和光纤链路或信道的检测应符合下列规定：

1) 自检记录应包括全部链路或信道的检测结果；

2) 自检记录中各单项指标全部合格时，应判为检测合格；

3) 自检记录中各单项指标中有一项及以上不合格时，应抽检且抽样比例不应低于 10%，抽样点应包括最远布线点，抽检结果的判定应符合相应的规定。

6. 综合布线的标签和标识应按 10% 抽检，综合布线管理软件功能应全部检测。检测结果符合设计要求的，应判为检测合格。

7. 电子配线架应检测管理软件中显示的链路连接关系与链路物理连接的一致性，并应按比例 10% 抽检。检测结果全部一致的，应判为检测合格。

8. 综合布线系统的验收文件除应符合相应规范的规定外，尚应包括综合布线管理软件的相关文档。

9. 相应阶段的验收内容及方法见表 1-3。

表 1-3　相应阶段的验收内容及方法

阶段	验收项目	验收内容	验收办法
一、施工前检查	1. 环境要求	总包施工情况：地面、门、电源插座及接地装置； 建筑结构工艺：机房面积、预留孔洞； 施工电源； 活动地板敷设	施工前检查
	2. 器材检查	外观检查； 规格、品种、数量； 电缆电气性能抽样测试； 光纤特性测试	施工前检查
	3. 安全防火要求	消防器材； 危险物的堆放； 预留孔洞防火措施	施工前检查
二、设备安装	1. 设备机架	规格、程序、外观； 安装垂直、水平度； 油漆不得脱落，标识完整齐全； 各种螺丝必须牢固； 防震加固措施； 接地措施	随施工检验
	2. 信息插座	规格、位置、质量； 各种螺丝必须拧紧； 标识齐全； 安装符合工艺要求； 屏蔽层可靠连接	随施工检验
三、电、光纤布放（楼内）	1. 电缆桥架及槽道安装	安装位置正确； 安装符合工艺要求； 接地	随施工检验
	2. 线缆布放	线缆规格、路由、位置； 符合布放线缆工艺要求	随施工检验

阶段	验收项目	验收内容	验收办法
四、电、光纤布放（楼间）	1. 架空线缆	吊线规格、架设位置、专设规格； 吊线长度； 线缆规格； 卡、挂间隔； 线缆的引入符合工艺要求	随施工检验
	2. 管道线缆	使用管孔孔位； 线缆规格； 线缆走向； 线缆防护措施的设置质量	隐蔽工程检验
	3. 埋式线缆	线缆规格； 敷设位置、深度； 线缆防护措施的设置质量； 回土夯实质量	隐蔽工程检验
	4. 隧道线缆	线缆规格； 安装位置、路由； 设计符合工艺要求	隐蔽工程检验
	5. 其他	通信线路与其他设施的间距	隐蔽工程检验
五、线缆终端	1. 信息插座	符合工艺要求	随施工检验
	2. 配线模块	符合工艺要求	
	3. 光纤插座	符合工艺要求	
	4. 各类跳线	符合工艺要求	

阶段	验收项目	验收内容	验收办法
六、系统测试	1. 工程电气性能测试	连接图； 长度； 衰减； 近端串扰； 设计中特殊规定的测试内容	竣工检验
	2. 光纤特性测试	类型（50/125μm 万兆多模光纤）； 衰减； 反射	竣工检验
	3. 系统接地	符合工艺要求	竣工检验
七、工程总验收	1. 竣工技术文件	清单、交接技术文件	竣工检验
	2. 工程验收评价	考核工程质量，确定验收结果	竣工检验

验收中发现不合格的项目，应由验收机构查明原因，分清责任，提出解决方法。

第2章 计算机网络系统

2.1 施工要点

2.1.1 交换机

1. 开箱检查。

2. 安装部件整理齐备，其中包括交换机本身、一套机架安装配件（两个支架、四个橡皮脚垫和四个螺钉）、一根电源线、一个 Console 管理电缆。所有部件齐备后即可安装交换机。

3. 从包装箱内取出设备。

4. 使用安装附件中的螺钉先将支架安装到设备的两侧，安装时要注意支架的正确方向。

5. 将交换机放到机柜中，确保交换机四周有足够的空间用于空气流通。

6. 用螺钉将支架的另一面固定到机柜上。要确保设备安装稳固，并与底面保持水平不倾斜。

7. 拧紧这些螺钉时不要过于紧，否则会让交换机倾斜，也不能过于松垮，这样交换机在运行时不会稳定，工作状态下设备会抖动。

2.1.2 模块和接口卡

1. 反复阅读模块化设备的说明书并咨询相关厂商的技术人员，确定该设备可以添加所购买的模块或接口卡。

2. 查看设备后端的面板，区分哪个区域是网络模块插槽，哪个区域是接口卡插槽。一般情况下，接口卡插槽更靠近 Console 口和电源接口。

3. 关闭设备电源，并将设备接地，防止静电。拔下设备接口上的所有网络电缆。

4. 用平头螺丝刀卸下准备安装模块插槽的挡口铁片，保存好这个铁片。

5. 取出接口卡或模块，安装时应手持模块的边缘，不要用手接触模块上的元器件或电路板，以免因人体静电导致元器件损坏。

6. 交换机插槽的两边有滑轨，将拇指放在接口模块的螺钉下方，对准滑轨的位置，将接口模块沿滑轨插入插槽直至接触到交换机内的连接插座，然后稍稍用力将接口模块按下，使模块的连接器与交换机的连接插座连接牢固。

7. 拧紧接口模块拉手条上的螺钉，使模块固定于交换机上。

8. 重新打开设备电源，查看接口卡或模块的指示灯是否正常，如果正常就可连接其他网络线缆。

2.1.3　电源和接地

1. 将电源线拿出插在交换机后面的电源接口，找一个接地线绑在交换机后面的接地口上，保证交换机正常接地。

2. 打开交换机电源，开启状态下查看交换机是否出现抖动现象，如果出现此现象请检查脚垫高低或机柜上的固定螺丝松紧情况。

2.1.4　无线 AP

1. 记录每个安装位置 AP 的 MAC 地址，清楚地知道各个 AP 安装的位置，以便日后维护。

2. 馈线要尽量短，尽量缩短 AP 到天线的距离。

3. POE 供电线缆要在 100m 以内，当 POE 电缆要在室外走线时，要使用套管保护。

4. 天线的安装要尽量避免金属物品的屏蔽，尽量远离金属物品。注意 AP 的信道、功率设置，避免同频干扰。

2.1.5　软件系统

1. 应按设计文件为设备安装相应的软件系统，系统安装应完整；

2. 应提供正版软件技术手册；

3. 服务器不应安装与本系统无关的软件；

4. 操作系统、防病毒软件应设置为自动更新的方式；

5. 软件系统安装后应能够正常启动、运行和退出；

6. 在网络安全检验后，服务器方可在安全系统的保护下与互联网相连，并应对操作系统、防病毒软件升级和更新相应的补丁程序；

7. 应避免服务器在没有安全系统的保护下与互联网相连，以避免在联网时受到攻击。在操作系统、防病毒软件采购的版本与安装的时间间隔中，这些软件可能发布补丁程序，应及时下载与更新补丁程序。

2.2　质量要点

1. 电源方面。

请务必确认电源是否接地，防止烧坏交换机设备。在拆装和移动交换机之前必须先断开电源线，防止移动过程造成内部部件的损坏。在放置交换机时电源插座尽量不要离交换机过远，否则当出现问题时切断交换机电源会非常不方便。

2. 防静电要求。

超过一定容限的静电会对电路乃至整机产生严重的破坏作用。因此，应确保设备良好的接地以防止静电的破坏。人体的静电也会导致设备内部元器件和印刷电路损坏，当拿电路板或扩展模块时，请拿电路板或扩展模块的边缘，不要用手直接接触元器件和印刷电路，防止因人体的静电而导致元器件和印刷电路的损坏。如果有条件最好能够佩戴防静电手腕。

3. 通风良好。

为了冷却内部电路务必确保空气流通，在交换机的两侧和后面至少保留 100mm 的空间。空气的入口和出口不能被阻塞，并且不要将重物放置在交换机上。

4. 接地良好。

设备的单板都是接到设备的结构上，设备安装和工作时请务必使用低阻抗的接地导线通过设备接地柱将设备的外壳接地，与地面相连以保证安全。

5. 环境良好。

交换机放置的地方应保持一定的温度与湿度，因此空调等设备是必备的。良好的环境可以让交换机寿命更长，性能更稳定。

6. 荷载要求。

当大型的服务器等设备承重要求大于 $600\text{kg}/\text{m}^2$ 时，应单独制作设备基座，不应直接安装在抗静电地板上；必要时还需要考虑楼板的承重，并在设计单位的指导下，加强楼板的承重能力。

2.3 质量验收

1. 信息网络系统的检测和验收范围应根据设计要求确定。对于涉及国家机密的网络安全系统，应按国家保密管理的相关规定进行验收。网络安全设备应检查公安部计算机管理监察部门审批颁发的安全保护等信息系统安全专用产品销售许可证。信息网络系统验收文件应包括下列内容：

1）交换机、路由器、防火墙等设备的配置文件；

2）QoS（服务质量）规划方案；

3）安全控制策略；

4）网络管理软件的相关文档；

5）网络安全软件的相关文档。

2. 计算机网络系统的检测包括连通性、传输时延、丢包率、路由、容错性能、网络管理功能和无线局域网功能检测等。采用融合承载通信架构的智能化设备网，还应进行组播功能检测和 QoS 功能检测。

3. 计算机网络系统的检测方法应根据设计要求选择，可采用输入测试命令进行测试或使用相应的网络测试仪器进行测试。计算机网络系统的连通性检测应符合下列规定：

1）网管工作站和网络设备之间的通信应符合设计要求，并且各用户终端应根据安全访问规则只能访问特定的网络与特定的服务器；

2）同一 VLAN（虚拟局域网）内的计算机之间应能交换数据包，不在同一 VLAN 内的计算机之间不应交换数据包；

3）应按接入层设备总数的 10% 进行抽样测试，且抽样数不应少于 10 台；接入层设备少于 10 台的，应全部测试；

4）抽检结果全部符合设计要求的，应为检测合格。

4. 计算机网络系统的传输时延和丢包率的检测应符合下列规定：

1）应检测从发送端口到目的端口的最大延时和丢包率等数值；

2）对于核心层的骨干链路、汇聚层到核心层的上联链路，应进行全部检测；对接入层到汇聚层的上联链路，应按不低于±10％的比例进行抽样测试，且抽样数不应少于 10条；上联链路数不足 10 条的，应全部检测；

3）抽检结果全部符合设计要求的，应为检测合格。

5. 计算机网络系统的路由检测应包括路由设置的正确性和路由的可达性，并应根据核心设备路由表采用路由测试工具或软件进行测试。检测结果符合设计要求的，应为检测合格。

6. 计算机网络系统的组播功能检测应采用模拟软件生成组播流。组播流的发送和接收检测结果符合设计要求的，应为检测合格。

7. 计算机网络系统的 QoS 功能应检测队列调度机制，能够区分业务流并保障关键业务数据优先发送的，应为检测合格。

8. 计算机网络系统的容错功能应采用人为设置网络故障的方法进行检测，并应符合下列规定：

1）对具备容错能力的计算机网络系统，应具有错误恢复和故障隔离功能，并在出现故障时自动切换；

2）对有链路冗余配置的计算机网络系统，当其中的某条链路断开或有故障发生时，整个系统仍应保持正常工作，并在故障恢复后应能自动切换回主系统运行；

3）容错功能应全部检测，且全部结果符合设计要求的应为检测合格。

9．无线局域网的功能检测应符合下列规定：

1）在覆盖范围内接入点的信道信号强度应不低于—75dBm；

2）网络传输速率不应低于5.5Mbit/s；

3）应采用不少于100个ICMP 64Byte帧长的测试数据包，不少于95％路径的数据包丢失率应小于5％；

4）应采用不少于100个ICMP 64Byte帧长的测试数据包，不小于95％且跳数小于6的路径传输时延应小于20ms；

5）应按无线接入点总数的10％进行抽样测试，抽样数不应少于10个；无线接入点少于10个的，应全部测试。抽检结果全部符合本条第1）～4）款要求的，应为检测合格。

10．计算机网络系统的网络管理功能应在网管工作站检测，并应符合下列规定：

1）应搜索整个计算机网络系统的拓扑结构图和网络设备连接图；

2）应检测自诊断功能；

3）应检测对网络设备进行远程配置的功能，当具备远程配置功能时，应检测网络性能参数含网络节点的流量、广播率和错误率等；

4）检测结果符合设计要求的，应为检测合格。

11．网络安全系统检测宜包括结构安全、访问控制、安全审计、边界完整性检查、入侵防范、恶意代码防范和网络设备防护等安全保护能力的检测。检测方法应依据设计确定的信息系统安全防护等级进行制定，检测内容应按现行国家标准GB/T 22239—2008《信息安全技术 信息系统安全等级保护基本要求》执行。

12. 业务办公网及智能化设备网与互联网连接时，应检测安全保护技术措施。检测结果符合设计要求的，应为检测合格。

13. 业务办公网及智能化设备网与互联网连接时，网络安全系统应检测安全审计功能，并应具有至少保存60d记录备份的功能。检测结果符合设计要求的，应为检测合格。

14. 对于要求物理隔离的网络，应进行物理隔离检测，且检测结果符合下列规定的应为检测合格：

1）物理实体上应完全分开；

2）不应存在共享的物理设备；

3）不应有任何链路上的连接。

15. 无线接入认证的控制策略应符合设计要求，并应按设计要求的认证方式进行检测，且应抽取网络覆盖区域内不同地点进行20次认证。认证失败次数不超过1次的，应为检测合格。

16. 当对网络设备进行远程管理时，应检测防窃听措施。检测结果符合设计要求的，应为检测合格。

第3章 公共广播系统

3.1 施工要点

3.1.1 扬声器

根据声场设计及现场情况确定广播扬声器的高度及其水平指向和垂直指向，并应符合下列规定：

1. 广播扬声器的声辐射应指向广播服务区，当周围有高大建筑物和高大地形地物时，应避免安装不当而产生回声。

2. 广播扬声器与广播线路之间的接头应接触良好，不同电位的接头应分别绝缘，宜采用压接套管和压接工具连接。

3. 广播扬声器的安装固定应安全可靠。安装扬声器的路杆、桁架、墙体、棚顶和紧固件应具有足够的承载能力。

4. 室外安装的广播扬声器应采取防潮、防雨和防霉措施，在有盐雾、硫化物等污染区安装时，应采取防腐蚀措施。

5. 休息场所、走廊等有背景音乐及公共广播的场所扬声器的布距为6～8m，扬声器距墙4m。此扬声器可兼作紧急广播用。

6. 壁挂式扬声器在墙上或柱上距地2.5m处安装，吸顶式扬声器吊顶嵌入式安装；音量控制器在室内适当墙面上距地 1.3m 处安装。

7. 圆锥形扬声器，由于此种扬声器外箱造型方正，可以挂在墙上或柱上，也可以从天花板悬吊而下。

8. 多用途圆锥形扬声器藏在 ABS 圆锥形塑胶外壳内，具有防水功能，室内外安装都可，安装时把扬声器的外配支架用铁膨胀或塑料膨胀，再配螺钉固定在墙上。

9. 有螺丝吸顶扬声器，把吸顶扬声器嵌进已开好孔的天花板，用螺丝刀把螺丝吃紧即可。弹簧钳式吸顶扬声器，把扬声器的内径放在天花板，将两边弹簧钳钳在天花板里即可。

3.1.2 功放

设备安装以美观、实用、方便的原则进行。把辅助设备参照接线图（厂家提供）连接到主机上，检查设备的连接线是否正确，用仪器测试外部线路是否有短路或者断路，然后接入设备信号输出端，检查各设备间的连接确认无误后，即可进行上电试机。

3.2 质量要点

1. 主控项目应符合下列规定：

1）扬声器、控制器、插座板等设备安装应牢固可靠，导线连接应排列整齐，线号应正确清晰；

2）系统的输入输出不平衡度、音频线的敷设、接地形式及安装质量均应符合设计要求；

3）放声系统应分布合理，符合设计要求；

4）最高输出电平、输出信噪比、声压级和频宽的技术指标应符合设计要求；

5）当广播系统具有紧急广播功能时，其紧急广播应由消防分机控制，并应具有最高优先权；在火灾和突发事故发生时，应能强制切换为紧急广播并以最大音量播出；系统应能在手动或警报信号触发的10s内，向相关广播区播放警示信号（含警笛）、警报语声文件或实时指挥语声；以现场环境噪声为基准，紧急广播的信噪比不应小于15dB；

6）广播系统应按设计要求分区控制，分区的划分应与消防分区的划分一致。

第5款为强制性条文，为保证发生火灾时设备、人员的安全而规定。10s包括接通电源及系统初始化所需要的时间。如果系统接通电源及初始化所需要的时间超过10s，则相应设备必须24h待机，应估算突发公共事件发生时现场环境的噪声水平，以确定紧急广播的应备声压级。

2. 一般项目应符合下列规定：

1）同一室内的吸顶扬声器应排列均匀。扬声器箱、控制器、插座等标高应一致、平整牢固；扬声器周围不应有破口现象，装饰罩不应有损伤且应平整；

2）各设备导线连接应正确、可靠、牢固；箱内电缆（线）应排列整齐，线路编号应正确清晰；线路较多时应绑扎成束，并应在箱（盒）内留有适当空间。

3.3 质量验收

1. 按设计要求试放送一套音乐节目，检查各层面是否正常。

2. 检测背景音乐状态下，区域切换关系正确，按键切换可靠无误。检测紧急广播，区域自动切换，且自动紧急语音播出。

3. 模拟广播线路开路或短路时，检查主机显示屏是否有故障自动显示。

4. 紧急广播音量的检测，紧急广播开通区域内所有背景音响广播均应切换至紧急广播。测听各公共区域内扬声器的声级，各区域是否能清晰地听到紧急广播，并测试人员集中的嘈杂区域紧急广播的声级值，测试点应在 2 个扬声器的中间，距地坪 1.3～1.5m 的高度，应大于背景噪声 10～15dB。

5. 在任一路广播线路上，检测扬声器的输入端电压，换算成电功率（公式：$P＝V^2/R$，电压平方除以喇叭的阻抗）。

6. 检测紧急广播控制系统的性能，模拟火灾情况，检测广播机受控启动的情况，自动紧急广播语音是否正常通过功放发出，话筒能否实现人工指挥，各路扬声器应不受音量控制器和选择开关的控制。

7. 广播系统音质主观评价，性能良好的扩声系统其主观评价应能达到：

1）低音：150Hz 以下应是丰满、柔和而富有弹性；

2）中低音：150～500Hz，应是浑厚有力而不混浊；

3）中高音：500～5000Hz，应是明亮透彻而不生硬；

4）高音：5000Hz 以上，应是纤细、圆润而不尖锐刺耳；

5）感觉结果：低音丰满、柔和、有弹性；中音有力而不混浊；高音通透、明亮而不刺耳；要求有平坦的频响特性；

6）对于人讲话：200～4000Hz/6300Hz，100Hz 以下

要切除；

7）对音乐来说：音乐信号的频谱范围极宽，低音—中高音表现的是乐声的基音；高音表现的是乐声的泛音（谐波），乐声的细腻感、清晰度和声像定位；

8）对演唱来说：男声的频响特性为 100～8000Hz；女声的频响特性为 180～10000Hz。

8. 音源的运行。

1）调频机的播放：正常、不正常；

2）双卡放音机的播放：正常、不正常；

3）激光唱机的播放：正常、不正常。

9. 系统的运行。

1）系统分区控制：分区的划分与消防分区相一致。根据消防要求当 N 区发生火灾时 N＋1、N－1 区均报警。

2）强切功能运行：连接好紧急、业务面板，扩展分区面板、功率放大器等设备，运行从背景音乐状态"强切"到紧急广播状态，并实现对某些分区或全部分区的广播。

3）供电方式切换：系统切换到消防紧急电源系统（直流 24V），紧急广播应正常工作。

第4章 闭路监控系统

4.1 施工要点

4.1.1 摄像机

1. 逐个检查摄像机所有微动开关，确保调到正常要求位置。将摄像机逐个通电进行检测和粗调，按摄像机后焦调整方法进行仔细调整后焦，实看图像清晰度质量。

2. 摄像机宜安装在监视目标附近不易受外界损伤的地方，安装位置不影响现场设备运行和人员正常活动，安装高度宜距地面 2.5～5m。

3. 摄像机镜头应避免强光直射，保证摄像管靶面不受损伤。镜头视场内，不得有明显遮挡监视目标的物体。摄像机镜头应从光源方向或侧光源方向对准监视目标，避免逆光安装；当需要逆光安装时，设法尽量减弱逆光强度，换配有逆光补偿功能的摄像机。

4. 对墙角支装摄像机，支架离墙角应有 300mm 间距，离顶应有大于 200mm 间距。既要美观，又不能影响破坏装饰整体效果。在石膏板吊顶支装摄像机，其支架应牢靠、稳固；有条件的话，其石膏板上部应加小木板作衬板，帮助紧固支架螺钉。

5. 对嵌入式摄像机安装，应预先开孔，与装潢同步进行。按现场视角要求选配安装相应焦距的固定镜头，并按现场光照度确定好光圈，同时按现场物距、景深要求粗调好聚焦。

6. 当监视目标光照度有较强（如室外）变化时，应选配采用自动光圈镜头。

7. 在搬动、安装摄像机过程中，不得打开镜头保护盖。

8. 将摄像机固定到支架防护罩、插上插头，接入电源线应牢固不松动。从摄像机引出的视频线、电源线应一起捆扎固定，根据现场监视位置调整好；线缆长度应不留多余余量，不用插头承受电缆的自重。

9. 通电试看，进一步细调，观察监视区域的覆盖范围和图像质量，符合要求后方可盖入防护罩固定。

4.1.2 监控机柜和操作台

1. 监控机柜、操作台的安装位置符合设计要求，当有困难时可根据现场条件、电缆地槽和接线盒墙插座位置作适当调整。

2. 保证电视墙，录像机柜安装竖直平稳，垂直偏差不得超过1‰。

3. 几个单元柜排放在一起，面板应在同一平面上并与基准线平等，前后偏差不大于3mm。两个单元柜中间缝隙不大于3mm。

4. 机柜内设备、部件的安装，在机架定位调试完毕并加固后进行。

5. 保证安装在机架内的设备平稳、牢固、端正，搁板不松动，并预先考虑放置止扣的位置。

6. 机柜及操作台支架上的固定螺丝、垫片和弹簧垫圈均应按要求固定，不得遗漏。

7. 在安装机柜及操作台时，小心仔细，不划伤其外表塑层，表面整洁无划痕。

8. 安装施工的操作台不放置其他设备及工具。

9. 机柜安装完毕后，加发泡塑料防尘，台面加纸板胶带贴封，注意成品保护。

4.2 质量要点

1. 主控项目应符合以下规定：

1）各系统主要设备安装应牢固，接线正确，并应采取有效的抗干扰措施；

2）应检查系统的互联互通，子系统之间的联动应符合设计要求；

3）监控中心系统记录的图像质量和保存时间应符合设计要求；

4）监控中心接地应做等电位连接，接地电阻应符合设计要求。

2. 一般项目应符合以下规定：

1）各设备、器件的端接应规范；

2）视频图像应无干扰纹；

3）防雷与接地工程施工应符合相关的现行国家标准。

4.3 质量验收

1. 检查摄像机与镜头的配合、控制和功能部件，应保证工作正常，且不应有明显逆光现象。

2. 图像显示画面上应叠加摄像机位置、时间、日期等字符，字符应清晰、明显；电梯桥厢内摄像机图像画面应叠加楼层等标识,电梯乘员图像应清晰。

3.当本系统与其他系统进行集成时,应检查系统与集成系统的联网接口及该系统的集中管理和集成控制能力。

4.应检查视频型号丢失报警功能。

5.数字视频系统图像还原性及延时等应符合设计要求。

6.安全防范综合管理系统的文字处理、动态报警信息处理、图表和图像处理、系统操作应在同一套计算机系统上完成。

7.验收内容。

线路部分的施工主要为随工检验和复查,其性能验收应和系统验收结合进行,有关系统验收的内容见表4-1。

表4-1 系统验收内容

项目	测试内容	测试比例
摄像机	设置位置、视野范围	—
	安装质量	—
	镜头、防护罩、支承装置、云台安装质量与紧固情况	10%～15%(10台以下摄像机验收1～2台)
	通电试验	100%
监视器	安装位置 设置条件 通电试验	100%
控制设备	安装质量 遥控内容和切换路数 通电试验	100%
其他设备	安装位置与安装质量 通电试验	100%

项目	测试内容	测试比例
控制台和机架	安装质量、水平度 设备安装位置 布线质量 穿孔、连接处的接触情况 开关、按钮灵活情况 通电试验	100%
电缆敷设	敷设与布线 电缆排列位置、布线和绑扎质量 地沟、走道支铁吊架的安装质量 埋设深度及架设质量 焊接及插接头安装质量 接线盒的接线质量	30%
接地	接地材料 接地线焊接质量 接地电阻	100%

设备部分检查验收项目及内容见表 4-2。

表 4-2 设备部分检查验收项目及内容

项目	测试内容	测试比例
摄像机	通电试验	100%
监视器	安装位置 设置条件 通电试验	100%
控制设备	安装质量 遥控内容和切换路数 通电试验	100%
其他设备	安装位置与安装质量 通电试验	100%

项目	测试内容	测试比例
控制台和机架	安装质量、水平度 设备安装位置 布线质量 穿孔、连接处的接触情况 开关、按钮灵活情况 通电试验	100%
电缆敷设	敷设与布线 电缆排列位置、布线和绑扎质量 地沟、走道支铁吊架的安装质量 埋设深度及架设质量 焊接及插接头安装质量 接线盒的接线质量	30%
接地	接地材料 接地线焊接质量 接地电阻	100%

8. 随工检验项目。

随工检验是隐蔽部分和竣工后难以检验的部分，随施工进展情况进行检验，凡经过检验合格的及时办理验收签证。

9. 系统质量的主观测试。

在摄像机的标准照度下进行，主观评价表见表4-3。

主观评价法采用下表的5级损伤标准，主观评价的得分值应不低于4级。

表 4-3 图像损伤主观评价表

序号	图像损伤主观评价	等级
1	不察觉有损伤	5
2	可察觉但不讨厌	4

序号	图像损伤主观评价	等级
3	有些讨厌	3
4	很讨厌	2
5	不能观看	1

第5章 防盗报警系统

5.1 施工要点

5.1.1 双鉴探测器

入侵报警系统设备的安装除应执行国家标准 GB 50348—2004《安全防范工程技术规范》和行业标准 JGJ 16—2008《民用建筑电气设计规范》的规定外，还应符合下列规定：

1. 探测器应安装牢固，探测范围内应无障碍物；

2. 室外探测器的安装位置应在干燥、通风、不积水处，并应有防水、防潮措施；

3. 磁控开关宜安装在门或窗内，安装应牢固、整齐、美观；

4. 振动探测器安装位置应远离电机、水泵和水箱等震动源；

5. 玻璃破碎探测器安装位置应靠近保护目标；

6. 紧急按钮安装位置应隐蔽，便于操作，安装牢固。

5.1.2 红外对射探测器

1. 红外对射探测器安装时接收端应避开太阳直射光，避开其他大功率灯光直射，应顺光方向安装。

2. 红外对射探测器不应安装在遮挡物正中；不正对防范区内运动和可能运动的物体。

5.1.3 报警主机

1. 接收探测电传感信号的报警装置，其安装的好坏，直接影响系统的功能。

2. 在墙上安装时，其底边距地不应小于1.2m。

3. 引入控制器的电缆或电线应配线整齐，避免交叉，并应固定牢靠。端子板与每个接线端的接线不得超过2根，电缆芯和导线应留有不小于20cm的余量。

4. 控制器的主电源引入线应直接与电源连接，严禁用电源插头。

5. 防盗报警控制器的接地电阻应小于1Ω。

6. 当采用联合接地时，应使用专用接地线，专用接地干线应用铜芯绝缘电线或电缆，其芯线面积不应小于16mm²；引到其他各防盗设备的接地线应选用铜芯绝缘软线，其芯线截面积不应小于4mm²。

5.2 质量要点

1. 主控项目应符合以下规定：

1) 各系统主要设备应安装牢固、接线正确，并应采取有效的抗干扰措施；

2) 应检查系统的互联互通，子系统之间的联动应符合设计要求；

3) 监控中心接地应做等电位连接，接地电阻应符合设计要求。

2. 一般项目应符合以下规定：

1) 各设备、器件的端接应规范；

2) 防雷与接地工程施工应符合相关的现行国家标准。

5.3 质量验收

1. 探测器的盲区检测，防宠物功能检测。

2. 探测器的防破坏功能检测，包括：报警器的防拆卸功能；信号线断开、短路，剪断电源线等情况的报警；探测器灵敏度检测。

3. 系统控制功能检测，包括：系统的撤防、布防功能；系统后备电源投入功能等。

4. 系统通信功能检测，包括：报警信息的传输、报警信息处理功能的检测。

5. 现场设备的接入率及完好率测试。

6. 系统的联动功能检测，包括：防盗报警系统与电视监控系统、灯光照明系统等相关系统的联动功能的检测。检测内容包括：报警点相关电视监视画面的自动调入、关闭相关的出入口管理系统、事件录像联动等。

7. 报警系统管理软件（电子地图）功能检测。

8. 报警系统工作站保存至少 1 个月的存储数据记录。

9. 探测器抽检的数量不低于 10%，被抽检设备的合格率为 100%时确认为合格；系统功能和联动功能全部检测，合格率为 100%时确认为合格。

第6章 离线巡更系统

6.1 施工要点

6.1.1 巡更按钮

1. 按图纸核对巡更信息点的性质和数量，在安装前读取巡更信息点的 ID 码。

2. 巡更点安装高度为 1.4m。若根据现场情况，巡更点不便安装，则就近安装于巡更棒便于读取位置。

3. 巡更点的安装方式应符合巡更钮的材质和设计要求。安装时，可用钢钉、固定胶固定在建筑物表面或直接暗埋于墙内，埋入深度应小于 50mm，巡更信息点的安装应与安装位置的表面平行。

4. 在巡更点安装位置处做好标识，粘贴夜光显示牌，便于巡更人员进行巡视。

6.1.2 机房设备

1. 按照图纸连接巡更系统主机、UPS、打印机、充电座等设备。

2. 按照软件安装说明书在巡更系统主机上安装软件。

3. 运行巡更系统管理软件，进行初始化设置。

6.2 质量要点

1. 主控项目应符合以下规定：

1）各系统主要设备应安装牢固、接线正确，并应采取有效的抗干扰措施；

2）应检查系统的互联互通，子系统之间的联动应符合设计要求；

3）监控中心接地应做等电位连接，接地电阻应符合设计要求。

2. 一般项目应符合以下规定：

1）各设备、器件的端接应规范；

2）防雷与接地工程施工应符合相关的现行国家标准。

6.3 质量验收

1. 按照巡更路线图检查系统的巡更终端、读卡机的响应功能。

2. 现场设备的接入率及完好率测试。

3. 检查巡更管理系统编程、修改功能。

4. 检查系统的运行状态、信息传输、故障报警和指示故障位置的功能。

5. 检查巡更管理系统对巡更人员的监督和记录情况、安全保障措施和对意外情况及时报警的处理手段。

6. 对在线联网式巡更管理系统还需要检查电子地图上的显示信息、遇有故障时的报警信号以及和视频安防监控系统等的联动功能。

7. 巡更系统的数据存储记录保存时间应满足管理要求。

8. 巡更终端抽检的数量应不低于 20％且不少于 3 台，探测器数量少于 3 台时应全部检测，被抽检设备应合格。

第7章 门禁控制系统

7.1 施工要点

7.1.1 门禁设备

1. 读卡器的安装位置及安装方式与墙面装修关系紧密。门禁读卡器、出门按钮等设备必须与强电的开关等高，并且与墙面的颜色协调。

2. 识读设备的安装位置应避免强电磁辐射源、潮湿、有腐蚀性等恶劣环境。

3. 控制器、读卡器不应与大电流设备共用电源插座。

4. 控制器宜安装在弱电间等便于维护的地点。

5. 读卡器类设备完成后应加防护结构面，并应能防御破坏性攻击和技术开启。

6. 控制器与读卡机间的距离不宜大于50m。

7. 使用人脸、眼纹、指纹、掌纹等生物识别技术进行识读的出入口控制系统设备的安装，应符合产品技术说明书的要求。

8. 安装时，在墙内用塑料膨胀阀固定，机器与地面平行高度符合人体学，若已安装但无法固定，可将机器固定于木板上后再将整体挂于墙上；特殊情况下可以按业主的要求安装额外订制的固定架。

9. 机器安装后避免受阳光照射或于室外受风吹雨淋。

7.1.2　磁力锁

1. 配套锁具安装应牢固，启闭应灵活。

2. 安装电锁时，做到仔细量测位置，不可将业主的门造成损坏。

3. 为防止电路火花或异常突波回授造成设备损坏，在刷卡主机电源输入端及电子锁电源输入端加装突波吸收器。

7.1.3　线缆

1. 所有延时所控制的外接负载，比如门延时应做到控制正电源。

2. 门禁主机所控制的电子锁负载如超过 DC 12V/1A 以上，应避免造成刷卡主机的损坏。

3. 控制线使用金属屏蔽线，电源线严格使用符合安全规格的线材。

4. 线缆在终端前，检查标签颜色和数字含义，并按顺序终端；线缆中间做到不产生接头现象；线缆终端处卡接牢固，接触良好；线缆终端应符合设计安装手册要求；对绞电缆与插接件连接做到认准线号、线位色标，不颠倒和错接。

5. 做到各类跳线线缆和接插件间接触良好，接线无误，标识齐全，跳线选用类型符合系统设计要求；同时做到各类跳线长度也符合设计要求；一般对绞电缆不应超过 5m，光缆不应超过 10m。

7.1.4　机柜安装

1. 机柜做到不直接安装在活动地板上，同时按设备的底平面尺寸制作底座，底座直接与地板固定，机柜固定在底座上，然后铺设活动地板。

2. 机柜安装应可靠接地。

3. 不论采用上走线或下走线方式，其桥架或线槽都直接进入机柜内。

4. 机柜内接线端子各种标识齐全。

7.2　质量要点

1. 主控项目应符合以下规定：

1) 各系统主要设备应安装牢固、接线正确，并应采取有效的抗干扰措施；

2) 应检查系统的互联互通，子系统之间的联动应符合设计要求；

3) 监控中心接地应做等电位连接，接地电阻应符合设计要求。

2. 一般项目应符合以下规定：

1) 各设备、器件的端接应规范；

2) 防雷与接地工程施工应符合相关的现行国家标准。

7.3　质量验收

1. 硬件验收。

1) 系统所有或者区域硬件安装完成后，进行硬件测试和阶段性验收；

2) 使用业主的卡片进行测试，检查主机和副机读卡功能、按键功能、LCD屏幕显示等是否正常工作（门禁型主机加测电锁功能、开门按钮、紧急按钮、侦测磁簧、警报喇叭等）；

3) 进行系统初始化的操作，输入主机设定卡号码；

4) 开启主机参数设定，设定读卡机"设备编码"、网络

型系统"网络地址",做到不重复;

    5) 检查不断电系统在断电后是否正常工作;

    6) 开启电源使系统维持工作。

  2. 软件连接、采集测试。

    1) 设定通讯端口、区域群组、读卡主机名称、采集终端号码等;

    2) 测试各个读卡主机是否连接成功;

    3) 使用业主的卡片设定员工资料及刷卡权限;

    4) 到各个读卡主机进行读卡后,回到软件端进行刷卡资料采集,确认所有读卡主机的刷卡资料都有采集汇总到数据库;

    5) 用所采集回来的数据进行报表功能测试;

    6) 重复进行一次,确认通讯连接质量是否稳定。

  3. 系统检测报告样表。

    1) 硬件验收表,见表7-1。

表 7-1　硬件验收表

序目	内容	是	否	备注
1	刷卡资料接收正常			
2	AC24/DC12电源供应是否稳定正常			
3	读卡机LCD/蜂鸣器是否正常			
4	通讯(联机)是否正常(TCP/IP,RS485)			
5	设备外接线头位置是否正确和牢固			
6	刷卡机感应和按钮键是否正常			
7	服务器和现场控制器的时间是否同步			
8	电锁开门动作是否正常			

序目	内容	是	否	备注
9	警报动作是否正常			
10	连动功能是否正常			
11	开门按钮功能是否正常			
12	门位侦测功能是否正常			
13	控制器 LED 功能灯信号是否正常闪烁和常亮			
14	电路板/外观是否有破裂和损伤			
15	读卡机胁迫码和报警解除码功能是否正常			

2）系统软件验收表，见表 7-2。

表 7-2　系统软件验收表

序目	内容	是	否	备注
1	数据库接收资料是否正常			
2	控制系统是否功能正常			
3	硬件连线测试是否成功通过			
4	记录查询功能是否正常			
5	报表功能是否正常显示			
6	权限管理是否规划合理			
7	SQL Server 是否运行正常			
8	eNitor 资料库是否建立成功			
9	eNitor 客户端程式是否登录正常			
10	人员数据导入是否完整			
11	群组管理是否规划合理			
12	连动功能所设定的硬件是否正确			
13	部门规划是否正确			

序目	内容	是	否	备注
14	感应卡片号码输入是否正确			
15	人员与卡片号码对应是否正确			
16	eNitor 软件和 NCU 硬件的账号是否同步			
17	所有上传资料是否都经硬件确认成功			

第8章　停车管理系统

8.1　施工要点

8.1.1　地感线圈

1. 线圈随管路敷设预埋施工,安装前检查线圈规格型号、安装位置及埋深是否符合设计要求。

2. 离感应线圈 500mm,垂直 100mm 内不应有任何金属物或其他的电气线缆。

3. 两组感应线圈的距离应符合设计要求,如设计无要求时,两相邻线圈的间距宜大于 1m。

4. 感应线圈安装采用预留沟槽的方法安装,先在沟槽内放置好感应线圈,然后进行二期浇筑混凝土,完成线圈安装;土建混凝土浇筑时,应有人看护,防止感应线圈移位或损坏。

5. 在预埋环形感应线圈之前,保证线槽内干爽、清洁;感应线圈四面拉直,置于线槽内,不得有重叠之处,埋后立即用混凝土覆盖并填平;引出导线应绞合在一起,在穿管中,不得有破损。

8.1.2　收费管理主机

1. 安装前,对设备进行检验,设备尺寸、设备内主板及接线端口的型号、规格符合设计要求,备品配件齐全;

2. 按施工图连接主机、不间断电源、打印机、出入口读卡等设备间的线缆，线缆连接准确，可靠。

8.2 质量要点

1. 感应线圈的位置和响应速度应符合设计要求；

2. 系统对车辆进出的信号指示、计费、保安等功能应符合设计要求；

3. 出、入口车道上各设备应工作正常；IC 卡的读/写、显示、自动闸门机起落控制、出入口图像信息采集以及与收费主机的实时通信功能应符合设计要求；

4. 收费管理系统的参数设置、IC 卡发售、挂失处理及数据收集、统计、汇总、报表打印等功能应符合设计要求。

8.3 质量验收

1. 车辆探测器对出入车辆的灵敏度探测、抗干扰性能检测、自动栅栏升降功能探测、防砸车功能检测；

2. 读卡器功能检测，对无效卡的识别功能，对非接触性读卡器还应检测读卡距离和灵敏度；

3. 发卡器功能检测，吐卡功能是否正常，入场日期、时间等记录是否正确，满位显示器功能是否正常；

4. 管理中心的计费、显示、收费、统计、信息存储等功能的检测；出/入口管理监控站及管理中心站的通讯是否正常；管理系统的其他功能，如"防折返"功能检测；

5. 检测出/入口车牌和车辆图像记录的清晰度、调用图像信息的符合情况；检测系统与消防系统报警时的联动功能；闭路电视监控系统摄像机对出入车库车辆的监视等；

6. 管理中心监控站的车辆出入数据记录保存时间应满足管理要求；

7. 地槽中预留的线头用防水胶布密封好，做好标签，管子中穿出的线用护套圈保护，各类线缆没有刮皮现象，桥架内的线缆按标准捆扎；

8. 每个设备无论是落地式安装还是贴梁或贴壁安装，都应进行规范化操作，并确保其安装的准确性和牢固性、整齐性。线缆的连接要求在留有适当余量的前提下，排列整齐规整；

9. 系统功能和软件全部检测，功能符合设计要求为合格，合格率100％时为系统功能检测合格，设备通电后，整个系统能协调运作。

第9章 建筑设备管理系统

9.1 施工要点

9.1.1 DDC（直接数字控制器）

1. DDC控制柜提供控制器工作所必需的继电器板、接线端子等，控制器内置于控制柜中。控制柜安装在被控对象附近，便于操作及施工，每台DDC现场控制柜附近留有电源插座空开。

2. 按照图纸和设备说明书进行现场控制器的接线，并对线缆进行编号。

9.1.2 电动二通水阀

1. 安装于空调水系统空调加热进水管，水管水流方向必须与阀体上的箭头方向相同，使阀芯可以挡住水流；

2. 阀门及驱动器必须安装于垂直方向90°范围之内，无滴水，易于电器安装；

3. 切勿将驱动器当作杠杆来移动阀体；

4. 具体安装方式参见二通阀及其驱动器产品资料说明书，在阀门的安装过程中需要与空调厂家、机电安装单位协调配合，根据实际情况确定具体安装位置和安装方式。

9.1.3 液位开关

1. 不能安装在水流动荡的地方，必要时需安装挡板进行隔离，防止水位动荡产生误动作。

2. 安装高度需要在现场根据水位调试后确定。

3. 液位控制范围由工程设计决定。

4. 浮球开关支架及螺栓宜采用不锈钢材料。

9.1.4　风管温湿度传感器

1. 有螺纹接口时采用螺纹接口，无螺纹接口时则采用螺丝安装，其上游部分直管长度不小于 4 倍的管径。

2. 在安装过程中需要与空调设备厂家、设备安装单位协调配合用以确定风管温度传感器的最佳安装位置和具体安装方式，保证真实有效地检测风管内温度。

9.1.5　流量计

1. 上游部分直管长度应不小于 10 倍的管径，下游部分直管长度不小于 5 倍的管径。

2. 安装时应严格根据管径确定探测管插入深度，否则会导致错误的测量结果。具体安装方式参见流量计产品说明书。

3. 在安装过程中需要与水电专业协调配合以确定流量计安装的具体位置和具体方式，避免安装不成功，不能准确检测水流量的情况发生。

9.1.6　过滤网及压差开关

1. 压差开关应垂直安装，如需要，可使用 L 型托架进行安装，托架可用铁板制成。

2. 开孔方式、铜管长度及弯曲由现场情况确定。在过滤网及压差开关的安装过程中需要与空调厂家、机电安装单位协调配合，根据实际情况确定具体安装位置和安装方式。

3. 导线敷设可选用直径 20mm 的电线管及接线盒，并用金属软管与压差开关连接。

9.1.7　风阀执行器

1. 风阀执行器装设有一个内置定位继电器，它带有两个电位器以调节零点和工作范围。

2. 先将风门移至关闭位置，利用按钮手动卸载齿轮，将电机夹子反转至关闭前一档的位置，并使齿轮重新安置，将电机校正到与风门轴呈 90°，把螺帽拧紧于 V 型夹子上。

3. 线路敷设可选用直径 20mm 的电线管及接线盒，并用金属软管与驱动器连接。

9.1.8　CO 浓度探测器

1. 应安装在送排风机的气流能到达，且汽车尾气直接喷不到的位置；

2. 应安装在距地面 2～2.5m 高的位置；

3. 不可安装在送排气风机附近的位置；

4. 使用配线盒、安装涂层罩壳，涂层罩壳上再安装安装板；

5. 按照接线图进行接线；

6. 卸下罩壳，在底板上安装基板；

7. 将罩壳嵌在基板上。

9.2　质量要点

1. 主控项目应符合下列规定：

1）传感器的安装需进行焊接时，应符合现行国家相关标准的有关规定；

2）传感器、执行器接线盒的引入口不宜朝上，当不可避免时，应采取密封措施；

3）传感器、执行器的安装应严格按照说明书的要求进行，接线应按照接线图和设备说明书进行，配线应整齐，不宜交叉，并应固定牢靠，端部均应标明编号；

4）水管型温度传感器、水管压力传感器、水流开关、水管流量计应安装在水流平稳的直管段，应避开水流流束死角，且不宜安装在管道焊缝处；

5）风管型温/湿度传感器、压力传感器、空气质量传感器应安装在风管的直管段且气流流束稳定的位置，且应避开风管内通风死角；

6）仪表电缆电线的屏蔽层，应在控制室仪表盘柜侧接地，同一回路的屏蔽层应具有可靠的电气连续性，不应浮空或重复接地。

2. 一般项目应符合下列规定：

1）现场设备（如传感器、执行器、控制箱柜）的安装质量应符合设计要求；

2）控制器箱接线端子板的每个接线端子，接线不得超过2根；

3）传感器、执行器均不应被保温材料遮盖；传感器、执行器宜安装在光线充足、方便操作的位置；应避免安装在有振动、潮湿、易受机械损伤、有强电磁场干扰、高温的位置；

4）风管压力、温度、湿度、空气质量、空气速度等传感器和压差开关应在风管保温完成并经吹扫后安装；

5）传感器、执行器安装过程中不应敲击、震动，安装应牢固、平正；安装传感器、执行器的各种构件间应连接牢固、受力均匀，并应作防锈处理；

6）水管型温度传感器、水管型压力传感器、蒸汽压力传感器、水流开关的安装宜与工艺管道安装同时进行；水管型压力、压差、蒸汽压力传感器、水流开关、水管流量计等安装套管的开孔与焊接，应在工艺管道的防腐、衬里、吹扫和压力试验前进行；

7）风机盘管温控器与其他开关并列安装时，高度差应小于1mm；在同一室内，其高度差应小于5mm；

8）安装于室外的阀门及执行器应有防晒、防雨措施；

9）用电仪表的外壳、仪表箱和电缆槽、支架、底座等正常不带电的金属部分，均应做保护接地；仪表及控制系统的信号回路接地、屏蔽接地应共用接地。

9.3 质量验收

1. 用于能耗结算的水、电、气和冷/热量表等，应检查制造计量器具许可证，应以系统功能测试为主、系统性能评测为辅，应采用中央管理工作站显示与现场实际情况对比的方法进行。

2. 暖通空调监控系统的功能检测应符合下列规定：

1）检测内容应按设计要求确定；

2）冷热源的监测参数应全部检测；空调、新风机组的监测参数应按总数的20%抽检，且不应少于5台，不足5台时应全部检测；各种类型传感器、执行器应按10%抽检，且不应少于5台，不足5台时应全部检测；

3）抽检结果全部符合设计要求的应判定为合格。

3. 变配电监测系统采用通信接口，应能显示高低压配电柜的运行状态、变压器的温度、储油罐的液位、各种备用电源的工作状态和联锁控制功能等。

4. 公共照明监控系统的功能检测应符合下列规定：

1）检测内容应按设计要求确定；

2）应按照明回路总数的10%抽检，数量不应少于10

路，总数少于 10 路时应全部检测；

3）抽检结果全部符合设计要求的应判定为合格。

5. 给排水监控系统的功能检测应符合下列规定：

1）检测内容应按设计要求确定；

2）给水和中水监控系统应全部检测；排水监控系统应抽检 50％，且不得少于 5 套，总数少于 5 套时应全部检测；

3）抽检结果全部符合设计要求的应判定为合格。

6. 电梯和自动扶梯监测系统应检测启停、上下行、位置、故障等运行状态显示功能。检测结果符合设计要求的应判定为合格。

7. 能耗监测系统应检测能耗数据的显示、记录、统计、汇总及趋势分析等功能。检测结果符合设计要求的应判定为合格。

8. 中央管理工作站的功能检测应包括下列内容：

1）运行状态和测量数据的显示功能；

2）故障报警信息的报告应及时准确，有提示信号；

3）系统运行参数的设定及修改功能；

4）控制命令应无冲突执行；

5）系统运行数据的记录、存储和处理功能；

6）操作权限；

7）人机界面应为中文。

9. 操作分站的功能应检测监控管理权限及数据显示与中央管理工作站的一致性；中央管理工作站功能应全部检测，操作分站应抽检 20％，且不得少于 5 个，不足 5 个时应全部检测；检测结果符合设计要求的应判定为合格。

10. 建筑设备监控系统实时性的检测应符合下列规定：

1）检测内容应包括控制命令响应时间和报警信号响应

时间；

2）应抽检 10％且不得少于 10 台，少于 10 台时应全部检测；

3）抽测结果全部符合设计要求的应判定为合格。

11. 建筑设备监控系统可靠性的检测应符合下列规定：

1）检测内容应包括系统运行的抗干扰性能和电源切换时系统运行的稳定性；

2）应通过系统正常运行时，启停现场设备或投切备用电源，观察系统的工作情况进行检测；

3）检测结果符合设计要求的应判定为合格。

12. 建筑设备监控系统可维护性的检测应符合下列规定：

1）检测内容应包括：应用软件的在线编程和参数修改功能；设备和网络通信故障的自检测功能。

2）应通过现场模拟修改参数和设置故障的方法检测。

3）检测结果符合设计要求的应判定为合格。

13. 建筑设备监控系统性能评测项目的检测应符合下列规定：

1）检测宜包括下列内容：控制网络和数据库的标准化、开放性；系统的冗余配置；系统可扩展性；节能措施。

2）检测方法应根据设备配置和运行情况确定；

3）检测结果符合设计要求的应判定为合格。

14. 其他应包括下列内容：

1）中央管理工作站软件的安装手册、使用和维护手册；

2）控制器箱内接线图。

第 10 章　数字会议系统

10.1　施工要点

10.1.1　扬声器

1. 扬声器系统的安装应符合设计要求，固定应安全可靠，水平角、俯角和仰角应能在设计要求的范围内方便调整。

2. 需要在建筑结构上钻孔、电焊时，必须征得有关部门的同意并办理相关手续，施工现场应设有良好的照明条件和符合安全生产条例的防护措施。

3. 扬声器系统的安装必须有可靠的安全保障措施，不应产生机械噪声。当涉及承重结构改动或增加负荷时，必须经设计单位确认后方可实施。明装或暗装扬声器，应避免对扬声器系统声辐射造成不良的影响，并应符合下列要求：

1) 以建筑装饰物为掩体安装（暗装）的扬声器箱，其正面不得直接接触装饰物；采用支架或吊杆安装的扬声器箱（明装），支架或吊杆应简捷可靠、美观大方，其声音的指向和覆盖范围应满足设计要求。

2) 软吊装扬声器箱及号筒扬声器，必须采用镀锌钢丝绳或镀锌铁链做吊装材料，不得使用铁丝吊装。

3) 在可能产生共振的建筑构件上安装扬声器时，必须做减震处理。

10.1.2 会议发言系统

1. 采用串联方式的专业有线会议系统，传声器之间的连接线缆应端接牢固；

2. 采用传声器直联扩声设备组成的系统，传声器传输线应选用专用屏蔽线；

3. 采用移动式传声器应做好线缆防护，并应防止线缆损伤；

4. 采用无线传声器传输距离较远时，应加装机外接收天线，安装在桌面时宜装备固定座托。

10.1.3 显示设备

1. 显示器屏幕安装时应避免反射光、眩光等现象；墙壁、地板宜使用不易反光材料；

2. 传输电缆距离超过选用端口支持的标准长度时，应使用信号放大设备、线路补偿设备或选用光缆传输；

3. 显示设备宜使用电源滤波插座单独供电；

4. 显示器应安装牢固，固定设备的墙体、支架承重应符合设计要求；应选择合适的安装支撑架、吊架及固定件，螺丝、螺栓应紧固到位；

5. 镶嵌在墙内的大屏幕显示器、墙挂式显示器等的安装位置应满足最佳观看视距的要求。

10.1.4 同声传译设备

1. 采用有线式同声传译的系统，在听众的坐席上应设置耳机插孔、音量调节和分路选择开关的收听装置；

2. 采用无线同声传译系统时，应根据座位排列并结合无线覆盖有效范围，准确定位无线发射器的数量及安装位置；

3. 同声传译宜设立专用的译员间，并应符合下列规定：

1）译员间宜设有隔声观察窗，译员间应具备观察主席台场景的条件；

2）译员间外应设译音工作指示灯或提示牌；

3）译员间可采用固定式或移动式。

10.1.5 视频会议设备

1. 视频会议系统应包括视频会议多点控制单元、会议终端、接入网关、音频扩声及视频显示等部分；

2. 传声器布置宜避开扬声器的主辐射区，并应达到声场均匀、自然清晰、声源感觉良好等要求；

3. 摄像机的布置应使被摄入物收入视角范围之内，宜从多个方位摄取画面，并应能获得会场全景或局部特写镜头；

4. 监视器或大屏幕显示器的布置，宜使与会者处在较好的视距和视角范围之内；

5. 会场视频信号的采集区照明条件应满足下列规定：

1）光源色温 3200K；

2）主席台区域的平均照度宜为 500～800lx，一般区域的平均照度宜为 500lx，投影电视屏幕区域的平均照度宜小于 80lx。

10.1.6 机柜设备

1. 设备安装顺序应与信号流程一致；机柜安装顺序应上轻下重，无线传声器接收机等设备应安装于机柜上部；功率放大器等较重设备应安装于机柜下部，并应由导轨支撑；

2. 系统线缆均应通过金属管、线槽引入控制室架空地板下，再引至机柜和控制台下方；

3. 控制室预留的电源箱内，应设有防电磁脉冲的措施，并配备带滤波的稳压电源装置，供电容量应满足系统设备全部开通时的容量；若系统具有火灾应急广播功能时，应按一级负荷供电；双电源末端应互投，并配置不间断电源；

4. 调声台宜安装在调声人员操作调节的操作台上；节目源等需经常操作的设备应安装于易操作位置；

5. 机柜应采用螺栓固定在基础型钢上，安装后应对垂直度进行检查、调整；控制台应与基础固定牢固、摆放整齐；

6. 机柜设备安装应该平稳、端正，面板应排列整齐，并应拧紧面板螺钉；带轨道的设备应推拉灵活；内部线缆分类应排列整齐；各设备之间应留有充分的散热间隙安装通风面板或盲板；

7. 电缆两端的接插件应筛选合格产品，并采用专用工具制作，不得虚焊或假焊；接插件需要压接的部位，应保证压接质量，不得松动脱落；制作完成后应进行严格检测，合格后方可使用；平衡接线方式不应受外界电磁场干扰，保证音质良好；

8. 电缆两端的接插件附近应有标明端别和用途的标识，不得错接和漏接；

9. 时序电源应按照开机顺序依次连接，安装位置应兼顾所有设备电源线的长度。

10.1.7　接线箱

1. 各类箱、盒、控制板的安装应符合设计要求和相应的施工规范。暗装箱体面板与框架应与建筑装修表面吻合；地面暗装的箱体应能使地面盖板遮盖严密，开启方便，并且有一定的强度；明装箱安装位置不得影响人员通行；箱体与预埋管口连接时应采用管护口及锁母连接，不得使用焊接。

2. 舞台台面上安装的接线箱要保持舞台台面平整，接线箱盖表面应与地板表面色调协调。

3. 观众厅现场调声位接线箱、地面暗装箱体及箱盖应保证其强度。

4. 在活动舞台机械上安装的接线箱不得妨碍舞台机械的正常运转，不得妨碍机械设备的正常维修，不得占用维修通道。活动舞台上接线箱的电缆管线应采用可移动方式或使用流动线缆。

5. 各类接线箱安装应垂直、平正、牢固，水平和垂直度偏差应不大于 1.5‰。

6. 安装完成后各类接线箱外形和表面应漆层完好，面盖板开启灵活，水平、垂直度符合要求。

7. 接线箱内的接插座，应符合设计要求和相应的现行国家标准；安装应牢固可靠，方向一致。

10.1.8 供电与接地

1. 会议系统应设置专用分路配电盘，每路容量应根据实际情况确定，并应预留一定余量；

2. 会议系统音视频设备应采用同一相电源；

3. 控制室内所有设备的金属外壳、金属管道、金属线槽、建筑物金属结构等应进行等电位连接并接地；

4. 会议系统供电回路宜采用建筑物入户端干扰较低的供电回路，保护地线（PE 线）应与交流电源的零线分开，防止零线不平衡电流对会场系统产生严重的干扰；保护地线的杂声干扰电压不应大于 25mV；

5. 会议室灯光照明设备（含调光设备）、会场音频和视频系统设备供电，宜采用分路供电方式；

6. 控制室宜采取防静电措施，防静电接地与系统的工作接地可合用；

7. 线缆敷设时，外皮、屏蔽层以及芯线不应有破损及断裂现象，并应做好明显的标识。

10.2　质量要点

1. 主控项目应符合下列规定：

1）系统的输入输出不平衡度、音频线的敷设、接地形式及安装质量应符合设计要求，设备之间阻抗匹配合理。

2）放声系统应分布合理，符合设计要求。

3）最高输出电平、输出信噪比、声压级和频宽的技术指标应符合设计要求。

4）通过对响度、音色和音质的主观评价，评定系统的音响效果。

2. 一般项目应符合下列规定：

1）同一室内的吸顶扬声器应排列均匀；同一室内壁装扬声器安装高度应一致，平整牢固，装饰罩不应有损伤。

2）各设备导线连接正确、可靠；箱内电缆（线）应排列整齐，线路编号正确清晰；线路较多时应绑扎成束，并在箱（盒）内留有适当余量。

3）机柜安装的允许偏差应满足规定。

扬声器系统是会议系统中非常重要的组成，一个会议系统工程的优劣很大程度上取决于最终声音播放的效果，扬声器设备的安装在一定程度上决定了该项工程的建设目标能否实现。

10.3　质量验收

扩声、会议系统设备及线路工程安装完毕，经系统开通正常、调试合格后应进行工程验收。

1. 扬声器：

1）安装位置符合设计要求；

2）吊装或挂装安全可靠；

3）水平角、俯角、仰角调整方便，满足声音覆盖要求；

4）集中式扬声器箱组合的机械控制与电气控制系统功能符合设计要求；

5）室外设备防雨水效果有效；

6）安装架不产生机械振动噪声；

7）扬声器箱外表完好；

8）支架与吊装架防腐处理适宜。

2. 会议视频显示系统：

1）显示特性指标的检测应包括下列内容：

① 显示屏亮度；

② 图像对比度；

③ 亮度均匀性；

④ 图像水平清晰度；

⑤ 色域覆盖率；

⑥ 水平视角、垂直视角。

2）检测结果符合设计要求的应判定为合格。

3. 机柜设备：

1）安装位置、排列顺序、水平与垂直偏差符合要求；

2）机架抗地震加固良好；

3）带轨道设备推拉灵活，机架门闭合严密，开关灵活；

4）非带电金属部位接地良好；

5）设备面漆及修饰完好。

4. 插座箱、盒：

1）箱体面框与墙面、桌面、地面配合严密，固定可靠；

2）箱体接地良好；

3）箱体门锁良好；

4）箱体表面涂层良好。

5．会议设备：

1）设备安装符合设计要求；

2）主控计算机及专业软件安装完整；

3）无线发射接收设备吊装或挂装安全可靠；

4）收听盒、即席发言控制盒性能良好；

5）有线及无线传译清晰度达到规范要求。

6．布线、接线：

1）所用线缆符合设计要求；

2）布线合理整齐；

3）管径利用率、弯曲半径符合要求；

4）排线弧度一致，整齐美观；

5）焊点饱满光滑，无毛刺，绝缘层及芯线无损伤；

6）焊接、压接、插接点的连接紧固，接触良好，相位正确，有线向标识；

7）光缆、双绞线测试合格；

8）线头保护良好，无裸露；

9）保安接地、工艺接地符合规定；

10）管口及其有关部位的保护与封闭良好。

第11章 信息发布系统

11.1 施工要点

11.1.1 LED大屏

1. 在安装大屏时，保证大屏支架点能够承受大屏的重量。根据现场实际情况、装修情况与土建施工单位共同确定安装LED大屏固定支架的挂接点，保证安全可靠。

2. 大屏的供电电源满足要求，确保负荷合理，供电线路不出现短路、断路等情况；配电系统为LED大屏提供独立电源；控制线不出现短路、断路及接地的情况。

3. 对于大屏幕公告栏，所有接头采用焊接方法，任何裸露线头采用热缩管保护，所有通讯线和控制线只在LED屏体和控制器的接线端进行连接，其他任何地方不进行连接。

4. 室外安装的显示屏应做好防漏电、防雨措施，并应满足IP65防护等级标准。

5. 大屏幕和控制主机间连线应牢固连接到相应接线端子，各线缆标识清楚正确，绑扎合理。电源走线和控制线缆平行时保留150mm以上间距。

11.1.2 多媒体查询机

1. 触摸屏与显示屏的安装位置应对人行通道无影响。

2. 触摸屏、显示屏应安装在没有强电磁辐射源及干燥的地方。

3. 电源插座和网络插座并排安装。

4. 电源走线和网络布线线缆平行时保留 150mm 以上间距。

11. 2　质量要点

1. 主控项目应符合下列规定：

多媒体显示屏安装必须牢固；供电和通讯传输系统必须连接可靠，确保应用要求。

2. 一般项目应符合下列规定：

1）设备、线缆标识应清晰、明确；

2）各设备、器件、盒、箱、线缆等安装应符合设计要求，并应做到布局合理、排列整齐、牢固可靠，线缆连接正确、压接牢固；

3）连接头应牢固安装，接触应良好，并应采取防雨、防腐措施。

11. 3　质量验收

1. 信息引导及发布系统检测应以系统功能检测为主、图像质量主观评价为辅，应对 LED 屏的亮度、色彩、灯管进行检测。

2. 信息引导及发布系统功能检测应符合下列规定：

1）应根据设计要求对系统功能逐项检测；

2）软件操作界面应显示准确、有效；

3）检测结果符合设计要求的应判定为合格。

3. 信息引导及发布系统检测时，应检测显示性能，且结果符合设计要求的应判定为合格。

4. 应对系统的本机软件操作界面所有菜单项显示的准确性和有效性功能进行逐项检验。

5. 应对系统的网络播放控制、系统配置管理、日志信息管理的联网功能进行逐项检验。

6. 信息引导及发布系统检测时，应对系统显示设备的安装、供电传输线路进行检验。应检查系统断电后再次恢复供电时的自动恢复功能，且结果符合设计要求的应判定为合格。

7. 信息引导及发布系统检测时，应检测系统终端设备的远程控制功能，且结果符合设计要求的应判定为合格。

8. 信息引导及发布系统的图像质量主观评价，应符合规范的规定。

第12章 机房工程

12.1 施工要点

12.1.1 静电地板

1. 活动地板的铺设应在机房内其他施工及设备基座安装完成后进行。

2. 铺设前应对建筑地面进行清洁处理，建筑地面应干燥、坚硬、平整、不起尘。活动地板下空间作为送风静压箱时，应对原建筑表面进行防尘涂覆，涂覆面不得起皮和龟裂。

3. 活动地板铺设前，应按设计标高及地板布置准确放线。沿墙单块地板的最小宽度不宜小于整块地板边长的1/4。

4. 活动地板铺设时应随时调整水平，遇到障碍物或不规则墙面、柱面时应按实际尺寸切割，并相应增加支撑部件。

5. 铺设风口地板和开口地板时，需现场切割的地板，切割面应光滑、无毛刺，并应进行防火、防尘处理。

6. 在原建筑地面铺设的保温材料应严密、平整，接缝处应粘结牢固。

7. 在搬运、储藏、安装活动地板过程中，应注意装饰面的保护，并应保持清洁。

8. 在活动地板上安装设备时，应对地板面进行防护。

12.1.2 地面保温

1. 工艺流程：清扫→铺设地面保温层→铺设面层→放线→开孔→清扫。

2. 根据施工图纸，对机房专用空调区域的地面进行认真清扫。

3. 地面刷胶，铺满 20mm 厚橡塑保温海绵，确保粘结牢固。

4. 橡塑海绵粘结缝处，用密封带进行密封处理，防止起尘。

5. 橡塑海绵上用 0.5mm 厚镀锌板粘贴，接缝处做压接工艺处理，避免保温效果下降。

6. 放线。根据施工图纸，在镀锌铁板的表面上弹出地板支架的位置线，弹线应清楚，位置应准确。

7. 用开孔器在地板支架位置，按照支架的底盘直径开孔（尺寸比支架底盘大 2～5mm），对开孔所产生的施工垃圾应及时清理。

12.1.3 吊顶

1. 吊顶固定件位置应按设计标高及安装位置确定。

2. 吊顶吊杆和龙骨的材质、规格、安装间隙与连接方式应符合设计要求。预埋吊杆或预设钢板，应在吊顶施工前完成。未做防锈处理的金属吊挂件应进行涂漆。

3. 吊顶上空间作为回风静压箱时，其内表面应按设计做防尘处理，不得起皮和龟裂。

4. 吊顶板上铺设的防火、保温、吸声材料应包封严密，板块间应无缝隙，并应固定牢靠。

5. 龙骨与饰面板的安装施工应按现行国家标准 GB

50327—2001《住宅装饰装修工程施工规范》的有关规定执行，并应符合产品说明书的要求。

6. 吊顶装饰面板表面应平整、边缘整齐、颜色一致，板面不得变色、翘曲、缺损、裂缝和腐蚀。

7. 吊顶与墙面、柱面、窗帘盒的交接应符合设计要求，并应严密美观。

8. 安装吊顶装饰面板前应完成吊顶上各类隐蔽工程的施工及验收。

12.1.4　隔断墙

1. 隔断墙应包括金属饰面板隔断墙、骨架隔断墙和玻璃隔断墙等非承重轻质隔断墙及实墙的工程施工。

2. 隔断墙施工前应按设计划线定位。

3. 隔断墙主要材料质量应符合下列要求：

1) 饰面板表面应平整、边缘整齐，不应有污垢、缺角、翘曲、起皮、裂纹、开胶、划痕、变色和明显色差等缺陷；

2) 隔断玻璃表面应光滑、无波纹和气泡，边缘应平直、无缺角和裂纹。

4. 轻钢龙骨架的隔断墙安装应符合下列要求：

1) 隔断墙的沿地、沿顶及沿墙龙骨位置应准确，固定应牢靠；

2) 竖龙骨及横向贯通龙骨的安装应符合设计及产品说明书的要求；

5. 有耐火极限要求的隔断墙板安装应符合下列规定：

1) 竖龙骨的长度应小于隔断墙的高度 30mm，上下应形成 15mm 的膨胀缝；

2) 隔断墙板应与竖龙骨平行铺设，不得沿地、沿顶龙骨固定；

3）隔断墙两面墙板接缝不得在同一根龙骨上，安装双层墙板时，面层与基层的接缝亦不得在同一根龙骨上；

4）隔断墙内填充的材料应符合设计要求，应充满、密实、均匀。

6. 装饰面板的非阻燃材料衬层内表面应涂覆两遍防火涂料；胶粘剂应根据装饰面板性能或产品说明书要求确定；胶粘剂应满涂、均匀，粘结应牢固；饰面板对缝图案应符合设计规定。

7. 金属饰面板隔断墙安装应符合下列要求：

1）金属饰面板表面应无压痕、划痕、污染、变色、锈迹，界面端头应无变形；

2）隔断不到顶棚时，上端龙骨应按设计与顶棚或梁、柱固定；

3）板面应平直，接缝宽度应均匀、一致。

8. 玻璃隔断墙的安装应符合下列要求：

1）玻璃支撑材料品种、型号、规格、材质应符合设计要求，表面应光滑、无污垢和划痕，不得有机械损伤；

2）隔断不到顶棚时，上端龙骨应按设计与顶棚或梁、柱固定；

3）安装玻璃的槽口应清洁，下槽口应衬垫软性材料；玻璃之间或玻璃与扣条之间嵌缝灌注的密封胶应饱满、均匀、美观，如填塞弹性密封胶条，应牢固、严密，不得起鼓和缺漏；

4）应在工程竣工验收前揭去骨架材料面层保护膜；

5）竣工验收前在玻璃上应粘贴明显标识。

9. 隔断墙与其他墙体、柱体的交接处应填充密封防裂材料。

12.1.5 墙面

1. 工艺流程：基层处理→填补缝隙、局部刮腻子→磨平→第一遍刮腻子→磨平→第二遍刮腻子→磨平→打底胶→第一道涂层→复补腻子→磨平→第二道涂层→局部再找平磨平→第三道涂层（面层）。

2. 基层处理。

1) 新建建筑的混凝土或抹灰基层在涂饰涂料前应涂刷抗碱封闭底漆；

2) 旧墙面在涂饰涂料前应清除疏松的旧装修层，并涂刷界面剂；

3) 先将抹灰面的灰渣及疙瘩等杂物用铲刀铲除，然后用鬃刷将表面灰尘污垢清除干净。表面清扫后，用腻子将墙面麻面、蜂窝、洞眼、残缺处填补好。腻子干透后，先用铲刀将多余腻子铲平，再用1号砂纸打磨平整。石膏板面拼缝一般用纸面胶带贴缝。钉头面刷防锈漆，并用石膏腻子抹平。阴角用腻子嵌满贴上接缝带。对有特殊要求的缝隙、接缝，按设计规定的方法处理。

3. 第一道满刮腻子及打磨。当室内涂装面较大的缝隙填补平整后，使用批嵌工具满刮乳胶腻子一遍，所有微小砂眼及收缩裂缝均需满刮，以密实、平整、线角棱边整齐为度。同时，应一刮顺一刮地沿着墙面横刮，尽量刮薄，厚度1~2mm，不得漏刮，接头不得留槎，注意不要沾污门窗及其他物面。腻子干透后，用1号砂纸裹着平整的小木板，将腻子渣及高低不平处打磨平整。注意用力均匀，保护棱角。磨后用鬃扫帚清扫干净。

4. 第二遍满刮腻子及打磨。方法同头遍腻子，但要求此遍腻子与前遍腻子刮抹方向垂直，将基层进一步刮满即打

67

磨平整、流畅、光滑为止。

5. 第一遍乳胶漆。必须先将基层表面清扫干净，擦净浮灰。涂刷时宜用排笔，涂刷顺序一般是从上到下，从左到右，先横后竖，先边线、棱角、小面，后大面。阴角处不得残留乳胶漆，阳角处不得有裹棱。如一次涂刷不能从上到底面时，应多层次同时作业，相互配合协作，避免接槎、涂刷重叠现象。独立面每遍应用同一批乳胶漆，并一次完成。

6. 复补腻子。第一遍乳胶漆干透后，应普遍检查一遍，如有缺陷应局部复补乳胶漆腻子一遍，并用牛角刮抹，以免损伤乳胶漆漆膜。

7. 磨光。复补腻子干透后，应用细砂纸将乳胶漆面打磨平滑，注意用力应轻而匀，且不得磨穿漆膜，磨后将表面清扫干净。

8. 第二遍涂刷及其磨光方法与第一遍相同。

9. 第三遍乳胶漆采用喷涂。用 1 号喷枪，喷枪压力调节为 $0.3\sim0.5N/mm^2$，喷嘴与饰面成 $90°$，距离以 $40\sim50cm$ 为宜，喷涂时应喷点均匀，移动距离全部适中。喷涂时一般从不显眼的一头开始，逐渐向另一头循序移动，至不显眼处收刷为止，不得出现接槎；结束后，整个表面光滑一致、圆滑细腻，无流坠泛色现象。

10. 喷涂时，将墙面所有其他饰面全部用报纸遮盖严实，以免出现污染。

12.2 质量要点

1. 主控项目应符合下列规定：

1) 电气装置应安装牢固、整齐、标识明确、内外清洁；

2）机房内的地面、活动地板的防静电施工应符合行业标准 JGJ 16—2008《民用建筑电气设计规范》的要求；

3）电源线、信号线入口处的浪涌保护器安装位置正确、牢固；

4）接地线和等电位连接带连接正确，安装牢固，接地电阻应符合规定。

2. 一般项目应符合下列规定：

1）吊顶内电气装置应安装在便于维修处；

2）配电装置应有明显标识，并应注明容量、电压、频率等；

3）落地式电气装置的底座与楼地面应安装牢固；

4）电源线、信号线应分别铺设，并应排列整齐，捆扎固定，长度应留有余量；

5）成排安装的灯具应平直、整齐。

12.3 质量验收

1. 吊顶、隔断墙、内墙和顶棚、柱面、门窗以及窗帘盒、踢脚板等施工的验收内容和方法，应符合现行国家标准 GB 50210—2013《建筑装饰装修工程质量验收规范》的有关规定。

2. 地面处理施工的验收内容和方法，应符合现行国家标准 GB 50209—2010《建筑地面工程施工质量验收规范》的有关规定。

3. 防静电活动地板的验收内容和方法，应符合现行国家标准的有关规定。

第13章　UPS电源系统

13.1　施工要点

13.1.1　UPS主机

1. 设备清点和检查。

1）设备开箱检验，检验结论应有记录，多方签字，保留原件。

2）注意检验制造厂商的有关技术文件是否齐全，妥善保管。

3）如果发现设备外包装有严重变形、损坏、开裂、水浸等现象时，要注意保护现场，留取证据（注意：大中型UPS在运输过程中必须保持竖立）。

2. 机柜基础槽钢或底座。

根据图纸及设备安装说明检查引入引出管线、机柜基础槽钢或底座、接地是否符合要求，重点检查基础槽钢或底座与机柜固定螺栓孔的位置是否正确；基础槽钢水平度及不平度是否符合要求；基础槽钢应有可靠接地。

3. 主回路线缆及控制电缆铺设。

UPS进出线都支持下进出线方式、部分UPS兼容多种进出线方式，可以通过地槽铺设电缆或采用桥架电缆铺设方法；部分类型UPS采用上进线方式时需配置上进线柜。线缆及控制电缆铺设应符合现行国家有关技术标准。线缆铺设完毕后应进行绝缘测试，线间及对地绝缘阻值应大于 $0.5M\Omega$。

4. 机柜就位及固定。

根据设备情况将机柜搬运吊装在预先设置好的基础槽钢或底座之上。机柜安装就位前，提前拆除内部变压器和电感固定件。

5. 机柜设备安装接线。

1）一次回路接线

一次回路电缆穿越金属框架或构件时，三相电缆均应在一起穿越，防止因交流强电流能量场产生涡流，致使电缆局部发热。

一次回路电缆进入设备内应剥离外绝缘层和铠装钢带，以保持美观，同时对剥离处进行绝缘处理。

工作零线（N）应引至设备的中性母线上连接；保护线（PE）为黄绿双色线，应引至设备接地装置或接地母线上。

2）二次回路接线

所有接线应有明确标记，连接必须紧固。

线束的走向应横平竖直，不得有过多的交叉，尼龙扎带不宜抽拉过紧。

所有分支线束在分支前后都要用扎带捆扎。

连接到端子的每一根线缆均应有一定的防震弯曲，弯曲长度要一致，避免长短不一而造成拉紧现象。

13.1.2 蓄电池

1. 安装的电池型号、规格、数量应符合设计要求，并应有出厂检验合格证、入网许可证。电池外壳及安全阀气帽不得有损坏现象。蓄电池安装时，应将滤气帽或安全阀、气塞等拧紧，防止松动。

2. 电池各列应排放整齐，前后位置、间距适当，每列外侧应在一条直线上，其偏差不大于 3mm，电池单体应保持垂直与水平，底部四角均匀着力，如不平整，应用油毡垫实。

3. 电池间隔偏差不大于 5mm，电池之间的连接条应平整，连接螺栓、螺母应拧紧，并在连接条和螺栓、螺母上涂一层防氧化物或加装塑料盒盖。

4. 电池完全安装在铁架上时，应垫缓冲胶垫，使之牢固可靠。

5. 各组电池应根据馈电母线走向确定正负极出线位置。

6. 安装阀控式密封铅酸蓄电池时，应用万用表检查电池端电压和极性，保证极性正确连接。端电压偏低的电池应筛出，查明原因。电池安装完毕后，在电池架、台和电池体外侧，应有用防腐材料制作的编号标识。

7. 电池监测器件安装位置、固定方式符合设计要求。

8. 电池组就位及接线的注意事项：

1) 旋拧固定端子必须用力矩扳手，遵循厂家规定；

2) 蓄电池出厂时都是 100％电量，安装和搬运中应使用绝缘护套工具，摘除戒指和手表；

3) 电池垂直侧最少有 10mm 的间隔，以保持周围空气自由流动；

4) 蓄电池连接线尽可能长度一致，避免不必要的压降；

5) 通常先进行电池间电缆的连接，然后是层之间的，最后进行电池开关电缆的连接；

6) 电池组安装距离墙壁及其他设备，安全距离 0.5m 以上；

7) 在不具备浮充的条件下，切勿将电池组与充电电源连接，以免电池组对充电电源小电流放电将容量放光。

13.1.3 电池架

1. 电池架的材质、规格、尺寸、承重应满足安装蓄电池的要求。

2. 电池架排列位置符合设计图纸规定，偏差不大于 10mm。

3. 电池架排列平整稳固，水平偏差每米不大于 3mm。

4. 电池铁架安装后，对漆面脱落处应补漆，保持漆面完整，加固铁架与地面处的膨胀螺栓。

5. 要预先做好防腐处理。

6. 在抗震设防地区，需按照设备抗震规范进行抗震加固。

13.2 质量要点

1. 为了确保操作人员和设备的安全，在安装、启动设备前应仔细阅读相关的"安装和操作"手册。

2. UPS 与市电电源及负载连接时应注意以下几点：

1）检查 UPS 电源柜上所标的输入参数，是否与市电的电压和频率一致；

2）检查 UPS 输入线的相线与零线是否遵守厂家规定；

3）检查负载功率是否小于 UPS 额定输出功率。

3. 检查接线是否与安装手册相符，并核对相序。

4. 清点工具，以免遗留在 UPS 机柜内。

5. 盖好 UPS 的安全挡板、顶盖和侧门板。

6. 清理并打扫 UPS 机柜周围的场地。

13.3 质量验收

质量验收见表 13-1。

表 13-1 质量验收表

序号	检查项目	缺陷等级	检查说明
1	交流输入配电柜电压、电流、指示灯显示是否正常	一般	使用万用表、钳表在配电柜空开处检测,指示灯目测
2	交流输出配电柜电压、电流、指示灯显示是否正常	一般	使用万用表、钳表在配电柜空开处检测,指示灯目测
3	UPS 面板液晶和背光屏显示是否正常	重要	UPS 目测
4	UPS 面板状态指示灯是否正常	重要	UPS 目测
5	UPS 面板显示输入电压、电流、频率是否正常	一般	在 UPS 输入处测量值和面板显示参数核实
6	UPS 面板显示输出电压、电流、频率是否正常	一般	在 UPS 输出处测量值和面板显示参数核实
7	UPS 系统风扇运转是否正常	一般	用手感觉各出风口风量
8	UPS 键盘操作是否正常	一般	只是用来观测运行参数,不触碰功能切换按键
9	UPS 电池充电电压是否正常	重要	用万用表在电池组端子测量
10	UPS 系统参数设置是否正确	重要	核实开机调试报告与现场的符合性检查
11	维修旁路是否加保护	重要	目测加锁,钥匙有保管

序号	检查项目	缺陷等级	检查说明
12	并机系统是否自动均流	重要	观察各台面板负载电流，目测
13	有关开关是否闭合	重要	目测观察输入、旁路、电池、输出开关
14	UPS 是否工作于正确的方式	重要	目测 UPS 的工作方式，在线式应是逆变器供电
15	UPS 负载是否合适	重要	目测无感性负载，负载比例不超过80%

第14章 防雷与接地系统

14.1 施工要点

14.1.1 接地体

1. 接地体垂直长度不应小于 2.5m，间距不宜小于 5m；

2. 接地体埋深不宜小于 0.6m；

3. 接地体距建筑物距离不应小于 1.5m。

14.1.2 接地线

1. 利用建筑物结构主筋作接地线时，与基础内主筋焊接，根据主筋直径大小确定焊接根数，但不得少于 2 根。

2. 引至接地端子的接地线应采用截面积不小于 $4mm^2$ 的多股铜线。

3. 当接地装置由多根水平或垂直接地体组成时，为了减小相邻接地体的屏蔽作用，接地体的间距一般为 5m，相应的利用系数为 0.75～0.85。当接地装置的敷设地方受到限制时，上述距离可以根据实际情况适当减小，但一般不小于垂直接地体的长度。接地装置埋设深度一般不小于 0.6m，这一深度既能避免接地装置遭受机械损坏，同时也减小气候对接地电阻值的影响。

4. 利用建筑物钢筋混凝土中的主筋作为引下线时，当钢筋直径大于等于 16mm 时，应利用于 2 根钢筋作为引下线；当钢筋直径小于 16mm 时，不宜小于 4 根钢筋作为引下线。

14.1.3 等电位连接

1. 建筑物总等电位连接端子板接地线应从接地装置直接引入，各区域的总等电位连接装置应相互连通；

2. 应在接地装置两处引连接导体与室内总等电位接地端子板相连接，接地装置与室内总等电位连接带的连接导体截面积：铜质接地线不应小于 $50mm^2$，钢质接地线不应小于 $80mm^2$；

3. 等电位接地端子板之间应采用螺栓连接，铜质接地线的连接应焊接或压接，钢质接地线的连接应采用焊接；

4. 每个电气设备的接地应用单独的接地线与接地干线相连；

5. 不得利用蛇皮管、管道保温层的金属外皮或金属网及电缆金属护层作接地线；不得将桥架、金属线管作接地线。

14.1.4 浪涌保护器

1. 室外安装时应有防水措施；

2. 浪涌保护器安装位置应靠近被保护设备。

14.1.5 综合管线防雷接地

1. 金属桥架与接地干线连接应不少于 2 处；

2. 非镀锌桥架间连接板的两端跨接铜芯接地线，截面积不应小于 $4mm^2$；

3. 镀锌钢管应以专用接地卡件跨接，跨接线应采用截面积不小于 $4mm^2$ 的铜芯软线，非镀锌钢管采用螺纹连接时，连接处的两端应焊接跨接地线；

4. 铠装电缆的屏蔽层在入户处应与等电位端子板连接。

14.1.6 安全防范系统防雷接地

1. 室外设备应有防雷保护接地，并应设置线路浪涌保护器；

2. 室外的交流供电线路、控制信号线路应有金属屏蔽层并穿钢管理地敷设，钢管两端应可靠接地；

3. 室外摄像机应置于避雷针或其他接闪导体有效保护范围之内；

4. 摄像机立杆接地及防雷接地电阻应小于10Ω；

5. 设备的金属外壳、机柜、控制台、外露的金属管、槽、屏蔽线缆外层及浪涌保护器接地端等均应最短距离与等电位连接网络的接地端子连接；

6. 信号线路浪涌保护器安装，安防系统视频信号、控制信号浪涌保护器应分别安装在前端摄像机处和机房内。浪涌保护器SPD输出端与被保护设备的端口相连，其他线路也应安装相应的浪涌保护器，保护机房设备不受雷电破坏；

7. 室外独立安装的摄像机，通过增加避雷针的办法，让摄像机处于避雷针的保护范围内，用于防范直击雷；

8. 立杆内的电源线和信号线必须穿在两端接地的金属管内，从而起到屏蔽的作用。

14.1.7 综合布线系统防雷接地

1. 进入建筑物的电缆，应在入口处安装浪涌保护器；

2. 线缆进入建筑物，电缆和光缆的金属护套或金属件应在入口处就近与等电位端子板连接；

3. 配线柜（架、箱）应采用绝缘铜导线与就近的等电位装置连接；

4. 设备的金属外壳、机柜、金属管、槽、屏蔽线缆外层、设备防静电接地、安全保护接地、浪涌保护器接地端等均应与就近的等电位连接网络的接地端子连接。

14.2 质量要点

1. 主控项目应符合下列规定：

1）采用建筑物共用接地装置时，接地电阻不应大于 1Ω；

2）采用单独接地装置时，接地电阻不应大于 4Ω；

3）接地装置的焊接应符合国家标准 GB 50303—2015《建筑电气工程施工质量验收规范》的规定。

2. 一般项目应符合下列规定：

1）接地装置应连接牢固、可靠；

2）钢制接地线的焊接连接应焊缝饱满，并应采取防腐措施；

3）室内明敷接地干线，沿建筑物墙壁水平敷设时，距地面高度宜为 30mm，与建筑物墙壁间的间距宜为 10～15mm；

4）接地线在穿越墙壁和楼板处应加金属套管，金属套管应与接地线连接；

5）等电位连接线、接地线的截面积应符合设计要求。

14.3 质量验收

1. 防雷与接地宜包括智能化系统的接地装置、接地线、等电位连接、屏蔽设施和浪涌保护器，检测和验收的范围应根据设计要求确定。

2. 建筑物等电位连接的接地网外露部分应连接可靠、规格正确、油漆完好、标识齐全明显。等电位连接金属带的规格、敷设方法应符合设计要求。

3. 智能建筑的防雷与接地系统检测前，宜检查建筑物防雷工程的质量验收记录。

4. 智能建筑的防雷与接地系统检测应检查下列内容，结果符合设计要求的应判定为合格：

1）接地装置及接地连接点的安装；

2）接地电阻的阻值；

3）接地导体的规格、敷设方法和连接方法；

4）等电位连接带的规格、连接方法和安装位置；

5）屏蔽设施的安装；

6）浪涌保护器的性能参数、安装位置、安装方式和连接导线规格。

5. 智能建筑的接地系统必须保证建筑内部智能化系统的正常运行和人身、设备安全。

6. 智能建筑的防雷与接地系统的验收文件除应符合本规范规定外，尚应包括防雷保护设备的一览表。

第15章 综合管线系统

15.1 施工要点

15.1.1 桥架

1. 桥架切割和钻孔断面处，应采取防腐措施；

2. 桥架应平整，无扭曲变形，内壁无毛刺，各种附件应安装齐备，紧固件的螺母应在桥架外侧，桥架接口应平直、严密，盖板应齐全、平整；

3. 桥架经过建筑物的变形缝（包括沉降缝、伸缩缝、抗震缝等）处应设置补偿装置，保护地线和桥架内线缆应留补偿余量；

4. 桥架与盒、箱、柜等连接处应采用抱脚或翻边连接，并应用螺丝固定，末端应封堵；

5. 水平桥架底部与地面距离不宜小于 2.2m，顶部距楼板不宜小于 0.3m，与梁的距离不宜小于 0.05m，桥架与电力电缆间距不宜小于 0.5m；

6. 桥架与各种管道平行或交叉时，其最小净距应符合国家标准 GB 50303—2015《建筑电气工程施工质量验收规范》的规定；

7. 敷设在竖井内和穿越不同防火分区的桥架及管路孔洞，应有防火封堵；

8. 弯头、三通等配件，宜采用桥架生产厂家制作的成品，不宜在现场加工制作。

15.1.2　支吊架

1. 支吊架安装直线段间距宜为 1.5～2m，同一直线段上的支吊架间距应均匀；

2. 在桥架端口、分支、转弯处不大于 0.5m 内，应安装支吊架；

3. 支吊架应平直且无明显扭曲，焊接应牢固且无显著变形，焊缝应均匀平整，切口处应无卷边、毛刺；

4. 支吊架采用膨胀螺栓连接紧固，且应配装弹簧垫圈；

5. 支吊架应做防腐处理；

6. 采用圆钢作为吊架时，桥架转弯处及直线段每隔 30m 应安装防晃支架。

15.1.3　线管

1. 导管敷设应保持管内清洁干燥，管口应有保护措施和进行封堵处理。

2. 明配线管应横平竖直、排列整齐；应设管卡固定，管卡应安装牢固，管卡设置应符合下列规定：

1）终端、弯头中点处的 150～500mm 范围内应设管卡；

2）在距离盒、箱、柜等边缘的 150～500mm 范围内应设管卡；

3）在中间直线段应均匀设置管卡。

3. 管卡间的最大距离应符合国家标准 GB 50303—2015《建筑电气工程施工质量验收规范》的规定。

4. 线管转弯的弯曲半径不应小于所穿入线缆的最小允许弯曲半径，且不应小于该管外径的 6 倍；当暗管外径大于 50mm 时，不应小于该管外径的 10 倍；

5. 砌体内暗敷线管埋深不应小于15mm，现浇混凝土楼板内暗敷线管埋深不应小于25mm，并列敷设的线管间距不应小于25mm；线管与控制箱、接线箱、接线盒等连接时，应采用锁母将管口固定牢固；线管穿过墙壁或楼板时应加装保护套管，穿墙套管应与墙面平齐，穿楼板套管上口宜高出楼面10～30mm，套管下口应与楼面平齐。

6. 与设备连接的线管引出地面时，管口距地面不宜小于200mm；当从地下引入落地式箱、柜时，宜高出箱、柜内底面50mm；线管两端应设有标识，管内不应有阻碍，并应穿带线。

7. 吊顶内配管，宜使用单独的支吊架固定，支吊架不得架设在龙骨或其他管道上；配管通过建筑物的变形缝时，应设置补偿装置。

8. 镀锌钢管宜采用螺纹连接，镀锌钢管的连接处应采用专用接地线卡固定跨接线，跨接线截面不应小于4mm²；非镀锌钢管应采套管焊接，套管长度应为管径的1.5～3倍；焊接钢管不得在焊接处弯曲，弯曲处不得有折皱等现象，镀锌钢管不得加热弯曲。

9. 套接紧定式钢管连接应符合下列规定：

1) 钢管外壁镀层应完好，管口应平整、光滑、无变形；

2) 套接紧定式钢管连接处应采取密封措施；

3) 当套接紧定式钢管管径大于或等于32mm时，连接套管每端的紧固螺钉不应少于2个。

10. 室外线管敷设应符合下列规定：

1) 室外埋地敷设的线管，埋深不宜小于0.7m，壁厚应大于等于2mm；埋设于硬质路面下时，应加钢套管，手孔井应有排水措施；

2）进出建筑物线管应做防水坡度，坡度不宜大于 15‰；

3）同一段线管短距离不宜有 S 弯；

4）线管进入地下建筑物，应采用防水套管，并应做密封防水处理。

15.1.4 线盒

1. 钢导管进入盒（箱）时应一孔一管，管与盒（箱）的连接应采用爪型螺纹接头管连接，且应锁紧，内壁应光洁便于穿线。

2. 线管路有下列情况之一者，中间应增设拉线盒或接线盒，其位置应便于穿线：

1）管路长度每超过 30m 且无弯曲；

2）管路长度每超过 20m 且仅有一个弯曲；

3）管路长度每超过 15m 且仅有两个弯曲；

4）管路长度每超过 8m 且仅有三个弯曲；

5）线缆管路垂直敷设时管内绝缘线缆截面宜小于 150mm^2，当长度超过 30m 时，应增设固定用拉线盒；

6）信息点预埋盒不宜同时兼做过线盒。

15.1.5 线缆

1. 线缆两端应有防水、耐摩擦的永久性标签，标签书写应清晰、准确。

2. 管内线缆间不应拧绞，不得有接头。

3. 线缆的最小允许弯曲半径应符合国家标准 GB 50303—2015《建筑电气工程施工质量验收规范》的规定。

4. 线管出线口与设备接线端子之间，应采用金属软管连接，金属软管长度不宜超过 2m，不得将线裸露。

5. 桥架内线缆应排列整齐，不得拧绞；在线缆进出桥架部位、转弯处应绑扎固定；垂直桥架内线缆绑扎固定点间隔不宜大于1.5m。

6. 线缆穿越建筑物变形缝时应留置相适应的补偿余量。

15.2 质量要点

1. 主控项目应符合下列规定：

1) 敷设在竖井内和穿越不同防火分区的桥架及线管的孔洞，应有防火封堵；

2) 桥架、线管经过建筑物的变形缝处应设置补偿装置，线缆应留余量；

3) 线缆两端应有防水、耐摩擦的永久性标签，标签书写应清晰、准确；

4) 桥架、线管及接线盒应可靠接地；当采用联合接地时，接地电阻不应大于1Ω。

2. 一般项目应符合下列规定：

1) 桥架切割和钻孔后，应采取防腐措施，支吊架应做防腐处理；

2) 线管两端应设有标识，并应穿带线；

3) 线管与控制箱、接线箱、拉线盒等连接时应采用锁母，线管、箱盒应固定牢固；

4) 吊顶内配管，宜使用单独的支吊架固定，支吊架不得架设在龙骨或其他管道上；

5) 套接紧定式钢管连接处应采取密封措施；

6) 桥架应安装牢固、横平竖直，无扭曲变形；

7) 桥架、线管内线缆间不应拧绞，线缆间不得有接头。

15.3 质量验收

1. 桥架和线管应检查其规格、位置、弯扁度、弯曲半径、连接、跨接地线、防腐、管盒固定、管口处理、保护层、焊接质量等。弯曲的管材及连接附件弧度应呈均匀状，且不应有折皱、凹陷、裂缝、弯扁、死弯等缺陷，管材焊缝应处于外侧。

2. 根据智能化系统的深化设计，应检查线缆的规格型号、标识、可靠接续、跨接、开路、短路。

3. 隐蔽工程施工完毕，应填写检查记录。

4. 隐蔽工程验收合格后应填写相应表格。

5. 检测桥架、线管的接地电阻，应填写相应表格。

本册引用规范、标准目录

1. GB 50312—2016《综合布线系统工程验收规范》

2. GB/T 22239—2008《信息安全技术　信息系统安全等级保护基本要求》

3. GB 50606—2010《智能建筑工程施工规范》

4. GB 50327—2001《住宅装饰装修工程施工规范》

5. JGJ 16—2008《民用建筑电气设计规范》

6. GB 50339—2013《智能建筑工程质量验收规范》

7. GB 50210—2001《建筑装饰装修工程质量验收规范》

8. GB 50209—2010《建筑地面工程施工质量验收规范》

9. GB 50944—2013《防静电工程施工与质量验收规范》

10. GB 50303—2015《建筑电气工程施工质量验收规范》

11. GB 50348—2004《安全防范工程技术规范》

12. GB 50396—2007《出入口控制系统工程设计规范》

13. GB/T 50314—2014《智能建筑设计标准》

14. GB 50311—2016《综合布线系统工程设计规范》

15. GB 50526—2010《公共广播系统工程技术规范》

16. GB 50371—2006《厅堂扩声系统设计规范》

17. GB 50799—2012《电子会议系统工程设计规范》

18. GB 50174—2008《电子信息系统机房设计规范》

19. GB 50343—2012《建筑物电子信息系统防雷技术规范》

20. GB 50300—2013《建筑工程施工质量验收统一标准》

21. GB 50375—2016《建筑工程施工质量评价标准》

22. GA 308—2001《安全防范系统验收规则》